FORSCHUNGSBERICHTE DES LANDES NORDRHEIN-WESTFALEN

Nr. 2835/Fachgruppe Umwelt/Verkehr

Herausgegeben vom Minister für Wissenschaft und Forschung

o. Prof. Dr.-Ing. Botho Böhnke
Dr. rer. nat. Rainer Schulze-Rettmer
Dipl.-Ing. Herbert A. Feyen

Institut für Siedlungswasserwirtschaft
der Rhein.-Westf. Techn. Hochschule Aachen

Untersuchung der Verschmutzung des abfließenden Regenwassers

Westdeutscher Verlag 1979

CIP-Kurztitelaufnahme der Deutschen Bibliothek

Böhnke, Botho:
Untersuchung der Verschmutzung des abfliessenden Regenwassers / Botho Böhnke ; Rainer Schulze-Rettmer ; Herbert A. Feyen. - Opladen : Westdeutscher Verlag, 1979.
(Forschungsberichte des Landes Nordrhein-Westfalen ; Nr. 2835 : Fachgruppe Umwelt, Verkehr)
ISBN 978-3-531-02835-4 ISBN 978-3-322-88437-4 (eBook)
DOI 10.1007/978-3-322-88437-4
NE: Schulze-Rettmer, Rainer:; Feyen, Herbert A.:

Gesamtherstellung: Westdeutscher Verlag

ISBN 978-3-531-02835-4

Inhalt

Das Zahlenmaterial, die Analysenergebnisse und genaue Beschreibung der Regenereignisse sind als Tabellenband zusammengefaßt beim Institut für Siedlungswasserwirtschaft der RWTH Aachen einzusehen.

1. Einleitung

1.1 Veranlassung

Für die Auslegung von Kläranlagen bei Mischkanalisation und von Regenklärbecken bei Trennkanalisation sowie bei der Berechnung der biologischen Belastung eines Gewässers ist die Verschmutzung des abfließenden Regenwassers von großer Bedeutung. Während man früher annahm, Regenwasser sei nicht oder nur gering verschmutzt, ist man seit einigen Jahren zu der Auffassung gekommen, daß das in Städten und Gemeinden abfließende Regenwasser neben ungelösten mineralischen und organischen Stoffen auch gelöste organische Stoffe mit sich führt.

Zur Untersuchung der Verschmutzung des abfließenden Regenwassers wurde vom Institut für Siedlungswasserwirtschaft der RWTH Aachen (im folgenden mit ISWW abgekürzt) ein Forschungsvorhaben aufgenommen, das vom Minister für Wissenschaft und Forschung des Landes Nordrhein-Westfalen durch Zuwendungen gefördert wurde (1). Nach Konstruktion von Probenahmegeräten und Einbau von Regenmessern und Koppelung der Geräte wurden in den Jahren 1973 und 1974 Untersuchungen durchgeführt. Während dieser Zeit wurde bekannt, daß am Lehrstuhl für Wassergütewirtschaft und Gesundheitsingenieurwesen der Technischen Universität München eine Doktorarbeit von Brunner etwa über das gleiche Thema an Münchner Regenwasser durchgeführt wurde, die im Rahmen des Sonderforschungsbereichs 81 gefördert wurde. Die Doktorarbeit ist inzwischen abgeschlossen und veröffentlicht (2).

Bereits während der Untersuchungen sowohl in München als auch in Aachen kam es zu einem regen Erfahrungsaustausch zwischen den Beteiligten, der dazu führte, daß die am ISWW Aachen laufenden Arbeiten, die zeitlich etwas später kamen als die Arbeiten in München, die Münchner Ergebnisse zum Teil bereits auswerten konnten. Die Änderungen gegenüber der Formulierung des Vorhabens im Antrag des ISWW an das Landesamt für Forschung Nordrhein-Westfalen (3) waren technischer Natur und sind im Text erläutert. Einschränkungen gegenüber der Zahl der anzuschaffenden Geräte sowie der Zahl der Probenahmestellen ergaben sich aus finanziellen Gründen. Der Unterschied zu der Brunnner'schen Arbeit ist zum Teil auch regional bedingt: Während die Brunner'sche Arbeit bereits im Untertitel sagt, "unter besonderer Berücksichtigung der Niederschlagsverhältnisse im voralpinen Raum", liegt der Wert der vorliegenden Arbeit in der Berücksichtigung der Niederschlagsverhältnisse in einem Raum am Rande eines Industriegebietes.

1.2 Bisheriger Wissensstand

Es wird seit einiger Zeit die Meinung vertreten, daß das abfließende Regenwasser ziemlich verschmutzt ist. Dabei soll der Regenwasserabfluß in den ersten 1o - 15 Minuten nach Regenbeginn etwa eben so verschmutzt sein, wie mittleres kommunales Abwasser und nach 2o - 3o Minuten noch so verschmutzt, wie dünnes Abwasser (4). Damit sind BSB_5-Werte von einerseits 15o mg/l und andererseits 5o - 1oo mg/l gemeint. Entsprechend hohe Werte des Permanganatverbrauchs führt Pfeiff an (5). Kurzweil untersuchte die Verschmutzung des abfließenden Regenwassers 1961 in Wien. Nach einem selbst ermittelten Faktor rechnete er den Permanganatverbrauch in BSB_5 um. Kurzweil gibt die in der Tabelle 1 gemittelten BSB_5-Werte an.

Tabelle 1

Herkunft des Regenwassers	BSB_5
Ablauf von Dächern im Gartenviertel	7,8 mg/l
Straßen im Gartenviertel	17 mg/l
Großstadtstraße	34 mg/l
Regenwasserauslaß bei Trennsystem	28 mg/l

Diese Zahlen sind realer als die o.a. Pauschalangaben. Doch haben sich die Verkehrsgewohnheiten seit 1961 inzwischen geändert.

In seiner kürzlich erschienenen Arbeit hat Brunner alle verfügbaren Untersuchungen von Abwasser aus Trennsystemen zusammengestellt (2).

Einige in der Literatur und danach in manche Planungen eingegangenen sehr hohen Verschmutzungswerte wurden von ihm berichtigt und als fehlerhaft erkannt, zum Beispiel den von Palmer (7) angegebenen Wert des BSB_5 von 147 mg/l. Palmer hat 1949 in Detroit während eines einzigen Regenereignisses vier Wasserproben aus dem Rinnstein geschöpft und aus vier Analysen den Mittelwert des BSB_5 berechnet. In einem anderen Fall schlich sich aus der Primärliteratur (8) zur Sekundärliteratur (9) ein Druckfehler ein, der aus einem BSB_5 von 16,1 mg/l 161 mg/l machte. Dies führte in einem kürzlich erstellten Gutachten zu einem zu hohen Schätzwert (1o).
Um bei dem wichtigen Parameter BSB_5 zu bleiben, sei der von Brunner auf Grund seiner Messungen gefundene Mittelwert von Pullach bei München von 11,4 mg/l angeführt. Wie am Schluß dieser Arbeit ausgeführt wird, ergeben sich in Aachen mittlere BSB_5-Konzentrationen von rund 11 und 14 mg/l in den zwei Hauptuntersuchungsgebieten.
Diese Mittelwerte sind zwar recht ähnlich der Brunner'schen. Im einzelnen zeigen sich jedoch größere Abweichungen zwischen den Ergebnissen beider Arbeiten.

Die Untersuchung von Brunner in Pullach lief über 16 Monate, die Untersuchung in Aachen über 18 Monate, so daß beide Arbeiten als repräsentativ angesehen werden.

2. Messung des Regens und des Abflusses

2.1 Meßgebiet "Muffet"

2.1.1 Lage und Größe des Gebietes

Das Meßgebiet "Muffet" liegt im Westen Aachens nördlich der Vaalser Straße und westlich des Pariser Ringes. Es umfaßt die Straßen Valkenburgerstraße, Simpelvelderstraße, Gulpenerstraße und Lemierserstraße und einen Teil des Pariser Ringes (s. Abbildung 6). Dieses Gebiet entspricht einer Größe von 8,59 ha bei einer Breite von 23o m und einer Länge von 37o m; es weist damit ein Seitenverhältnis von 1 : 1,61 auf und ist nahezu rechteckig. Die Lage ist in Bild 1 dargestellt.
Die Wasserscheide verläuft südlich der Valkenburgerstraße. Von hier fällt das Gebiet nach Nord-Westen in Richtung Lemierserstraße ab. Das Gefälle des Geländes beträgt im Mittel 49 ‰.
Die befestigten Flächen des Einzugsgebietes betragen:

Dächer und Hofflächen:	2,29 ha
Straßen und Gehwege :	1,93 ha
Gesamte befestigte Fläche:	4,22 ha

Der Flächenbeiwert ψ, das heißt, das Verhältnis der gedichteten Flächen zur Gesamtfläche des Einzugsgebietes, beträgt damit

$$\text{Flächenbeiwert } \psi = \frac{4{,}22}{8{,}59} = 0{,}491$$

2.1.2 Charakter des Gebietes

Das Meßgebiet ist ein Wohngebiet im Westen Aachens. In lockerer Bebauung liegen hier entlang der Straßen moderne Ein- und Zweifamilienhäuser, die alle nach 1966 erbaut wurden. Nur entlang der Ostseite der Lemierserstraße liegen 6 Häuserblocks mit jeweils 4 Stockwerken und 24 Haushalten bei je 3 Eingängen. Diese Blocks sind

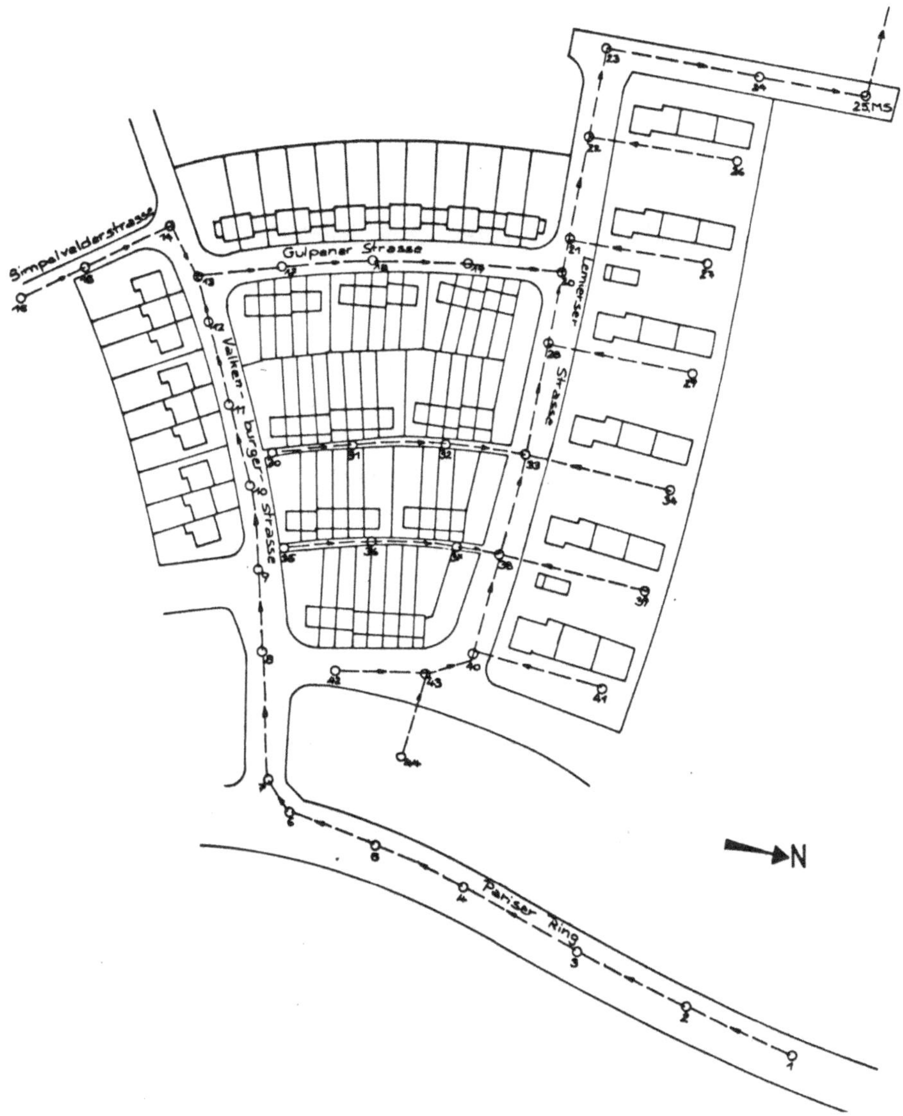

Abbildung 1 Meßgebiet Muffet

in einen breiten Grüngürtel gebettet.
An öffentlichen Einrichtungen sind im Meßgebiet eine Sparkasse vorhanden. Zur Deckung des allgemeinen Bedarfs dient ein Supermarkt-Lebensmittelgeschäft, ferner eine Gastwirtschaft gegen die abendliche Verödung des Wohngebietes. Gewerbe und Industrie fehlen gänzlich.

2.1.3 Ausbildung der Straßen und Gehwege

Die Straßen des Meßgebietes haben eine Länge von 1,22 km und sind alle asphaltiert. Sie sind alle mittels einer Bordsteinkante vom Gehweg abgesetzt (12/15/3o). Die Straßen befinden sich in einem guten Zustand. Sie haben eine ebene Fahrbahn mit Dachprofil,eine glatte, ebene Oberfläche und weisen keinerlei Frostschäden auf.
Die Stichstraßen, die zu den einzelnen Häusergruppen führen, sind alle mit Rechteckbetonpflaster versehen, das ordentlich und sauber verlegt ist. Sie sind gegen das Umland durch Randsteine (8/2o) abgegrenzt.
Die Gehwege beiderseits der Straßen sind einheitlich ausgebildet. Der Belag besteht aus in Sandmörtel verlegten Betonplatten (3o/3o), die im Kreuzverband verlegt sind.

2.1.4 Straßenreinigung

Eine Nachfrage beim Reinigungsamt der Stadt Aachen ergab, daß die Straßen im Meßgebiet zweimal in der Woche mit einer städtischen Kehrmaschine gereinigt werden.
Wo die Kehrmaschine nicht den gewünschten Reinigungseffekt erzielt, erfolgt eine Reinigung von Hand.

2.1.5 Vegetation

Die Vegetation stellt bei der Charakterisierung eines Einzugsgebietes hinsichtlich der Verschmutzung einen Faktor dar, dem große Bedeutung beizumessen ist.
Hervorgerufen durch die offene Bebauung hat fast jedes Grundstück sowie der breite Grüngürtel östlich

der Lemierserstraße einen großen Bestand an Bäumen, Sträuchern und Büschen. Die Bäume und Sträucher haben trotz ihres geringen Alters schon eine erstaunliche Größe, was auf ein großes Laubvolumen schließen läßt. Ferner ragen die nahe den Straßen stehenden Bäume und Sträucher größtenteils in die Straßen hinein und geben ihr Laub, ihren Blütenstaub etc. an sie ab.
Die meisten Grundstücke werden untereinander und gegen die Straßen durch Hecken abgegrenzt. Auch sie stellen eine Quelle für den Schmutzanfall in den Schmutzfangeimern der Gullys dar, der bei nicht regelmäßiger Säuberung allmählich verrottet und so in die Kanalisation gelangt.

2.1.6 Verkehr

Da es sich bei dem Meßgebiet um ein reines Wohngebiet handelt, ist es verständlich, daß es sich bei dem Verkehrsaufkommen des Gebietes um reinen Quell- bzw. Zielverkehr handelt. Die Straßen erfüllen also reine Anliegerfunktionen. Durchgangsstraßen oder Straßen mit überörtlicher Funktion sind nicht vorhanden.
Lediglich die Valkenburgerstraße hat eine Art Verbindungsfunktion zu erfüllen; denn nur über sie können die Anlieger der anderen Straßen zu ihren Grundstücken gelangen bzw. sie verlassen.
Durchgangsstraßencharakter hat der Teil des Pariser Ringes, der zum Meßgebiet gehört. Da dieser Teil aber nicht besiedelt ist und auch kein Baumbewuchs vorhanden ist, ist hier nur der durch den Verkehr entstehende Reifen-Abrieb Quelle für Verschmutzungen.
Über den Pariser Ring ist das Meßgebiet an den öffentlichen Personennahverkehr angeschlossen; denn an der Kreuzung Pariser Ring - Valkenburgerstraße ist eine Haltestelle der Linie 23 der ASEAG eingerichtet worden, über die die Einwohner des Meßgebietes Zugang zum ÖPNV erhalten.

2.1.7 Kanalisation

Die Kanalisation des Meßgebietes erfolgt im Trennsystem. Die Leitungsführung des Regenwasserkanals ist ebenfalls in Bild 1 dargestellt. Das Kanalnetz des Meßgebietes wurde 1969 fertiggestellt. Die Kanäle haben Kreisprofil mit Durchmessern von 2oo - 5oo mm. Die Profile bestehen aus Beton. In der Tabelle 2 sind die Durchmesser, die Länge und das Gefälle der einzelnen Haltungen angeführt. Die Gesamtlänge des Kanalsystems beträgt 1,66 km, der längste Fließweg 797 m.

Tabelle 2

Kenngrößen des Regenwasserkanalnetzes des Einzugsgebietes "Muffet"

von Schacht Nr. bis Schacht Nr.	Rohrdurchmesser mm	Länge der Haltung m	Gefälle 1 :
Kanalstrang Pariser Ring			
1 - 2	3oo	6o,o3	85
2 - 3	3oo	6o,5o	1oo
3 - 4	3oo	59,26	94
4 - 5	3oo	41,98	86
5 - 6	3oo	42,31	175
6 - 7	3oo	9,34	2o
Kanalstrang in der Valkenburgerstraße			
7 - 8	3oo	5o,6o	389
8 - 9	3oo	31,79	1o3
9 - 1o	3oo	36,3o	36
1o - 11	3oo	34,6o	45
11 - 12	3oo	35,oo	35
12 - 13	3oo	19,7o	39
13 - 14	3oo	24,9o	61

Tabelle 2 Fortsetzung

Kenngrößen des Regenwasserkanalnetzes des Einzugsgebietes "Muffet"			
von Schacht Nr. bis Schacht Nr.	Rohrdurchmesser mm	Länge der Haltung m	Gefälle 1 :
Kanalnetz in der Lemierserstraße			
42 - 43	3oo	35,6o	3o
44 - 43	3oo	21,18	46
43 - 4o	3oo	15,52	46
41 - 4o	2oo	58,25	32
4o - 38	3oo	41,4o	3o
35 - 36	2oo	35,2o	33
36 - 37	2oo	34,9o	2o
37 - 38	2oo	15,o5	1o
39 - 38	2oo	56,7o	65
38 - 33	3oo	42,2o	33
3o - 31	2oo	34,7o	2o
31 - 32	2oo	35,oo	18
32 - 33	2oo	33,8o	2o
34 - 33	2oo	56,7o	67
33 - 28	3oo	42,6o	32
29 - 28	2oo	58,6o	75
28 - 2o	3oo	29,8o	28
2o - 21	3oo	11,8o	28
27 - 21	2oo	58,8o	4o
21 - 22	3oo	42,8o	3o
26 - 22	2oo	58,1o	84
22 - 23	3oo	37,3o	87
23 - 24	5oo	41,oo	65
24 - 25	5oo	34,1o	7o
Kanalstrang in der Simpelvelderstraße			
16 - 15	3oo	29,8o	28
15 - 14	3oo	4o,o5	24
Kanalstrang in der Gulpenerstraße			
13 - 17	3oo	35,oo	48
17 - 18	3oo	38,3o	26
18 - 19	3oo	37,8o	24
19 - 2o	3oo	37,4o	45

2.2 Meßgebiet "Tivoli"

2.2.1 Lage und Größe des Gebietes

Das Meßgebiet "Tivoli" liegt nördlich der Aachener Innenstadt. Es umfaßt die Straßen Merowingerstraße, Karolingerstraße, Am Wolf, Soerser Au, Soerser Weg, Am Tivoli, Emmastraße und Am Weberhof, ferner den ca. 42000 m^2 großen Bereich des Aachener Tivoli, der Sportstätte der Aachener Alemannia. Das Einzugsgebiet wird im Osten von der Krefelder Straße, im Westen durch den Soerser Weg begrenzt. Dieser bildet auch für dieses Gebiet die Wasserscheide; denn hier liegt mit 167,34 m üNN der höchste Punkt des Gebietes. Das Geländegefälle beträgt i.M. 25 ‰.
Das annähernd rechteckige Meßgebiet ist 495 m breit und 460 m lang, was einer Fläche von 22,77 ha entspricht, und weist somit ein Seitenverhältnis von 1 : 1,08 auf. Die Lage ist in Bild 2 dargestellt.
Die befestigten Flächen des Einzugsgebietes betragen:

Dächer und Hofflächen	4,78 ha
Straßen und Gehwege	2,42 ha
Gesamte befestigte Fläche	7,20 ha

Der Flächenbeiwert ψ, d.h. das Verhältnis der gedichteten Flächen zur Gesamtfläche des Einzugsgebietes, beträgt damit

$$\text{Flächenbeiwert } \psi = \frac{7{,}20}{22{,}77} = 0{,}316$$

2.2.2 Charakter des Gebietes

Das Meßgebiet ist ein Wohngebiet mit großzügigen ein- oder zweistöckigen Ein- und Mehrfamilienhäusern, die in offener Bauweise angeordnet sind. Eine Ausnahme bildet die Merowingerstraße, an deren südlicher Seite mehrstöckige Reihenhäuser ohne Vorgarten direkt an der Straße liegen. Die Bebauung entstand größtenteils

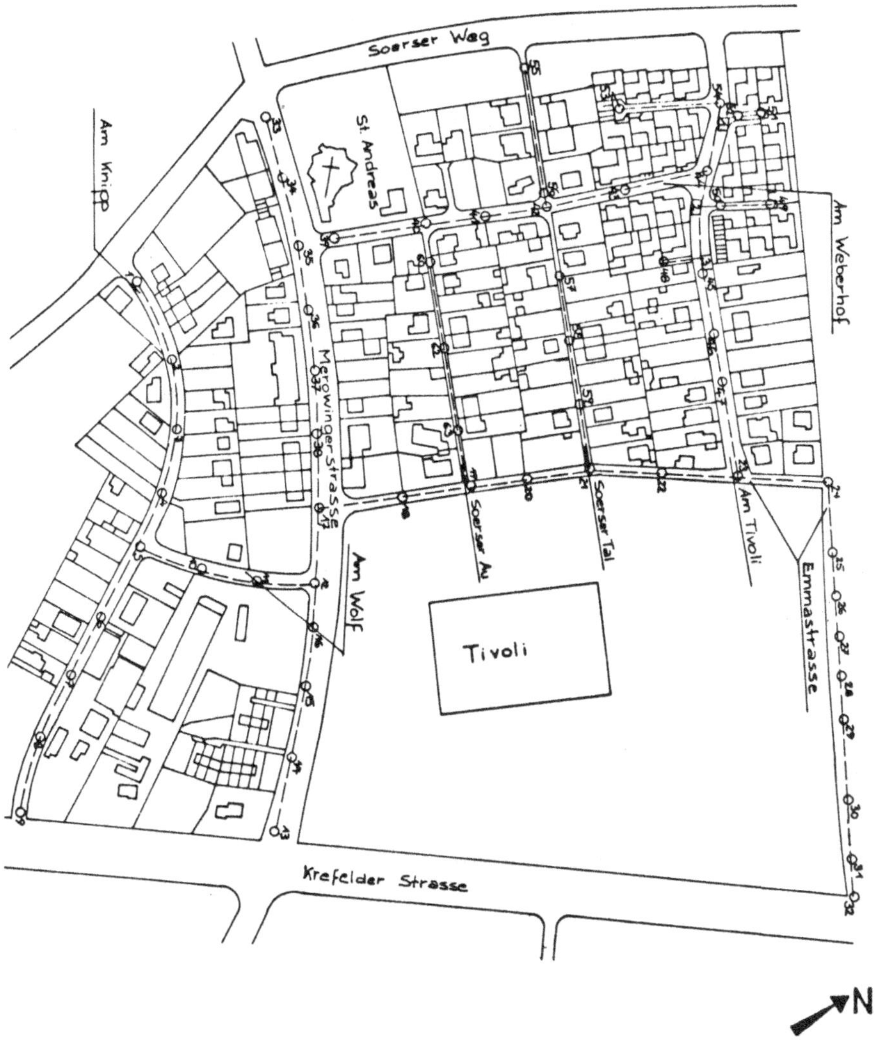

Abbildung 2 Meßgebiet Tivoli

nach dem 2. Weltkrieg und ist bis heute noch nicht vollendet. Außer der Kirche St. Andreas, die in einer ca. 63oo m^2 großen Grünanlage liegt, und dem Aachener Tivoli gibt es in diesem Gebiet nur noch eine Sparkasse an öffentlichen Einrichtungen. Einrichtungen zur Deckung des allgemeinen Tagesbedarfs sind nicht vorhanden. Als einzige Industrie ist hier ein Unternehmen der Textilindustrie angesiedelt. Gewerbe ist nicht vorhanden.
Das Gebiet kann somit als allgemeines Wohngebiet angesehen werden. Es wird bewohnt von 986 Einwohnern, verteilt auf 281 Haushalte und 163 Häuser.

2.2.3 Ausbildung der Straßen und Gehwege

Die Straßen des Meßgebietes sind in ihrer gesamten Länge von 2,1o km asphaltiert und durch eine Bordsteinkante vom Gehweg getrennt (12/15/3o).
Die kleinen Stichstraßen und die Anliegerstraßen Soerser Au und Soerser Tal weisen lediglich einen Asphaltbelag auf, der gegen das Umland durch ein Rinnenband abgesetzt ist. Die Straßen befinden sich in gutem Zustand. Sie weisen eine ebene Fahrbahn mit Dachprofil auf, eine glatte, ebene Oberfläche und sind frei von jeglichen Frostschäden, die sich durch Risse, Säcke oder Mulden zu zeigen pflegen.
Die Gehwege beiderseits der Fahrbahn sind einheitlich mit in Sandmörtel verlegten Betonplatten (3o/3o) ausgebildet.

2.2.4 Straßenreinigung

Gemäß einer Anfrage beim Reinigungsamt der Stadt Aachen werden im Meßgebiet die Straßen zweimal in der Woche mit einer städtischen Kehrmaschine gereinigt. Eine Reinigung von Hand erfolgt an den Stellen, wo die Maschine nicht den gewünschten Reinigungseffekt erzielt.

2.2.5 Vegetation

Bei der Charakterisierung eines Einzugsgebietes hinsichtlich der Verschmutzung stellt die Vegetation einen wichtigen Faktor dar, der zu beachten ist.
Die in diesem Gebiet vorherrschende lockere Bebauung bringt ein großer Bestand an Bäumen, Sträuchern und Büschen je Grundstück mit sich. Die meisten Grundstücke sind durch Hecken von der Straße abgetrennt. Da das Gebiet schon seit Kriegsende als Wohngebiet besteht, hat der Baumbestand schon ein erhebliches Alter und Größe. Daraus folgt ein großes Laubvolumen und, daß die an den Grundstücksgrenzen nahe der Straße stehenden Bäume und Sträucher teilweise weit in die Straße hineinragen und ihr Laub an sie abgeben. Das sich im Rinnstein befindende Laub gelangt in die Schmutzfangeimer der Gullys und wird bei nicht regelmäßiger Reinigung an die Kanalisation abgegeben.

2.2.6 Verkehr

Durch das Einzugsgebiet führen von Seiten der Stadtplanung her keine Durchgangsstraßen oder überörtliche Straßen. Die Merowingerstraße hat jedoch in der Praxis eine Verbindungsfunktion. Sie ermöglicht den Anliegern der anderen Straßen den Zu- und Abgang von ihren Grundstücken. Sie verbindet das Meßgebiet mit den Verkehrszellen östlich der Krefelder Straße und westlich des Soerser Weges. Besonders während des Berufsverkehrs fließt durch sie der tangentiale Stadtverkehr.
Die anderen Straßen kann man als Anliegerstraßen bezeichnen. Somit handelt es sich bei dem Meßgebiet um ein Wohngebiet mit einem Verkehrsaufkommen, dessen Größe hauptsächlich von der Anzahl der im Wohnbezirk angetretenen Fahrten abhängig ist, durch das außerdem überörtlicher Verkehr fließt.
Alle 14 Tage einmal samstags oder sonntags erhöht sich bei Heimspielen des Fußballvereins Alemannia Aachen

das Zielverkehrsaufkommen in diesem Gebiet erheblich durch motorisierte Zuschauer, die hier einen Parkplatz suchen.

2.2.7 Kanalisation

Die Kanalisation des Einzugsgebietes erfolgt im Trennsystem. Die Leitungsführung des Regenwasserkanals ist ebenfalls in Bild 2 dargestellt. Die Kanäle haben Kreisprofil mit Durchmessern von 3oo - 7oo mm. Die Profile bestehen aus Beton. In der Tabelle 3 sind die Durchmesser, die Länge und das Gefälle der einzelnen Haltungen angeführt. Die Gesamtlänge des Kanalsystems beträgt 2,o5 km, der längste Fließweg 897 m.

Tabelle 3

Kenngrößen des Regenwasserkanalnetzes des Einzugsgebietes "Tivoli"			
von Schacht Nr. bis Schacht Nr.	Rohrdurchmesser mm	Länge der Haltung m	Gefälle 1 :
Kanalstrang in der Straße Am Wolf			
5 - 1o	3oo	46,3o	1o5
1o - 11	3oo	42,95	97
11 - 12	3oo	46,18	83
Kanalstrang in der Karolingerstraße (Am Knipp)			
1 - 2	3oo	46,25	91
2 - 3	3oo	4o,17	93
3 - 4	3oo	39,18	87
4 - 5	3oo	4o,46	95
9 - 8	3oo	47,23	1o8
8 - 7	3oo	38,76	74
7 - 6	3oo	39,48	93
6 - 5	3oo	43,o7	124

Tabelle 3 Fortsetzung

Kenngrößen des Regenwasserkanalnetzes des Einzugsgebietes "Tivoli"			
von Schacht Nr. bis Schacht Nr.	Rohrdurchmesser mm	Länge der Haltung m	Gefälle 1 :
Kanalnetz Am Weberhof			
39 - 4o	3oo	41,6o	5o
4o - 41	3oo	38,93	134
41 - 42	3oo	37,64	171
42 - 43	3oo	48,28	241
43 - 44	3oo	49,19	126
55 - 56	3oo	55,97	67
56 - 42	3oo	5,1o	25
Kanalstrang in der Merowingerstraße			
13 - 14	3oo	42,76	67
14 - 15	3oo	43,84	95
15 - 16	3oo	39,74	118
16 - 12	3oo	28,76	97
12 - 17	3oo	41,39	85
33 - 34	3oo	41,55	88
34 - 35	3oo	44,95	98
35 - 36	3oo	39,33	1o4
36 - 37	3oo	4o,84	132
37 - 38	3oo	38,1o	1o5
38 - 17	3oo	44,38	117
Kanalstrang Soerser Au			
6o - 61	3oo	51,98	124
61 - 62	3oo	51,15	155
62 - 19	3oo	31,78	1o6
Kanalstrang Soerser Tal			
57 - 58	3oo	37,56	85
58 - 59	3oo	41,55	99
59 - 21	3oo	37,o3	88

Tabelle 3 Fortsetzung

Kenngrößen des Regenwasserkanalnetzes des Einzugsgebietes "Tivoli"			
von Schacht Nr. bis Schacht Nr.	Rohrdurchmesser mm	Länge der Haltung m	Gefälle 1 :
Kanalnetz Am Tivoli			
53 - 54	3oo	62,15	98
54 - 1	3oo	1o,8o	82
51 - 52	3oo	22,68	67
52 - 1	3oo	8,7o	74
1 - 44	3oo	43,35	93
44 - 2	3oo	5o,5o	85
49 - 5o	3oo	4o,48	78
5o - 2	3oo	5,8o	85
48 - 3	3oo	36,15	11o
2 - 45	3oo	44,93	93
45 - 46	3oo	41,65	29
46 - 47	3oo	33,63	75
47 - 23	3oo	62,6o	64
Kanalstrang in der Emmastraße			
17 - 18	4oo	41,83	57
18 - 19	4oo	42,4o	86
19 - 2o	4oo	38,35	26
2o - 21	4oo	38,58	44
21 - 22	4oo	44,54	45
22 - 23	4oo	45,oo	36
23 - 24	7oo	48,o8	43
24 - 25	7oo	4o,83	143
25 - 26	7oo	21,45	339
26 - 27	7oo	19,85	568
27 - 28	7oo	2o,55	217
28 - 29	7oo	2o,97	374
29 - 3o	7oo	41,3o	283
3o - 31	7oo	44,9o	396
31 - 32	7oo	42,7o	225

2.3 Meßgebiet "Hüttenbach"

2.3.1 Lage und Größe des Gebietes

Das Meßgebiet "Hüttenbach" liegt im Nord-Osten Aachens. Es wird von den Straßen Stolberger Straße, Breslauer Straße, Berliner Ring, Rottstraße begrenzt. Außer den oben genannten Straßen umfaßt das Gebiet die Straßen Dresdenerstraße und Elsaßstraße sowie einen Bahndamm. Dieses Gebiet entspricht einer Größe von 28,6o ha, bei einer Länge von 65o m und einer Breite von 44o m und weist somit ein Seitenverhältnis von 1 : 1,48 auf.
Der Flächenbeiwert beträgt ψ = o,5.

2.3.2 Charakter des Gebietes

Das Meßgebiet "Hüttenbach" ist ein Gewerbegebiet im Nord-Osten Aachens. Es haben sich hier vor allem Großhändler der verschiedensten Branchen und ein Einkaufszentrum mit Tankstelle und Waschstraße niedergelassen. Dem zu Folge ist das Gebiet durch große Parkflächen charakterisiert.
Zum Zeitpunkt der Meßwertermittlung waren einige Betriebe noch nicht gebaut oder noch im Bau befindlich, wodurch der relativ niedrige Flächenbeiwert zu erklären ist. Außerdem wurden die Straßen durch den Baustellenverkehr zusätzlich verschmutzt.

2.3.3 Ausbildung der Straßen und Gehwege

Die Straßen in diesem Gebiet sind in ihrer gesamten Länge von 2,o km asphaltiert und durch Bordsteinkanten von den bis zu 4 m breiten,mit Betonplatten befestigten Gehwegen getrennt. Die Straßen befinden sich in gutem Zustand.

2.3.4 Straßenreinigung

Eine Nachfrage beim Reinigungsamt der Stadt Aachen ergab, daß die Straßen im Meßgebiet zweimal in der Woche mit einer städtischen Kehrmaschine gereinigt werden. Wo die Kehrmaschine nicht den gewünschten Reinigungseffekt erzielt, erfolgt eine Reinigung von Hand.

2.3.5 Vegetation

Bei der Charakterisierung eines Einzugsgebietes hinsicht-

lich der Verschmutzung stellt die Vegetation einen wichtigen Faktor dar, der zu beachten ist.
Hervorgerufen durch die großflächige Bebauung und bei den großen Abstellflächen besteht nur wenig Raum für Grünflächen. Die wenigen Bäume und Sträucher, die sich zu dem Zeitpunkt der Messung in diesem Gebiet befanden, wurden alle neu gepflanzt. Daraus folgt ein geringes Laubvolumen, welches keine wesentliche Verschmutzung der Schmutzfangeimer der Gullys zur Folge hat.
Dafür muß aber in diesem Gebiet die nicht unwesentliche Verschmutzung des Regenabwassers durch Öl- und Staubrückstände von den Abstellflächen berücksichtigt werden.

2.3.6 Verkehr

Da es sich bei diesem Meßgebiet um ein reines Gewerbegebiet handelt, ist es verständlich, daß es sich bei dem Verkehrsaufkommen im wesentlichen um Quell- bzw. Zielverkehr handelt. Straßen mit überörtlichem Verkehr sind nicht vorhanden. Lediglich die Breslauer Straße - sie ist vierspurig ausgebaut und gehört als Begrenzungsstraße noch mit zu dem Meßgebiet - hat Durchgangsstraßencharakter.

2.3.7 Kanalisation

Die Kanalisation des Meßgebietes ist im Trennsystem gebaut. Im Kreuzungsbereich Dresdenerstraße-Rottstraße befindet sich ein Regenüberlauf. Da der Abwasserkanal als Mischwasserkanal in das Meßgebiet mündet, wird der Regenwasserkanal bei starken Regenereignissen auch von Abwasser durchflutet. Ferner wird in der Elsaßstraße der Hüttenbach über einen Sandfang in den Regenwasserkanal eingeleitet.
Bei den Kanälen handelt es sich um Betonrohre mit Kreisprofilen von 3oo - 16oo mm Ø.

2.4 Konstruktion und Einsatz der Geräte zur Messung des Niederschlags und des Abflusses sowie zur automatischen Entnahme der Wasserproben aus dem Kanalnetz

2.4.1 Allgemeines

Fundierte Aussagen über die Verschmutzung des abfließenden Regenwassers sind nur dann möglich, wenn Abwasserproben aus dem Kanalnetz geschöpft und im Labor auf ihre Inhaltsstoffe untersucht werden können. Wegen der stochastischen Natur der Regenereignisse ist es nicht möglich, die Probenahme von Hand auszuführen. Daher wurde von vornherein eine automatische Entnahme der Wasserproben aus dem Regenwasserkanal vorgesehen. Zur späteren Wertung und Einordnung der Analysenwerte müssen zusätzliche Informationen über Dauer und Stärke des Niederschlags sowie über den Verlauf des Abflußgeschehens im Kanalnetz gesammelt werden. Für die zeitliche Zuordnung der Ereignisse Niederschlag, Abfluß und Probenahme müssen bei der Registrierung dieser Phänomene synchrone Zeitmarken gesetzt werden. Nur so ist bei der nachfolgenden Auswertung und Interpretation der Messungen eine exakte Darstellung des gleichzeitigen Ablaufs der Ereignisse gewährleistet.

2.4.2 Konzipierung der Gerätekombination

Für die Messung des Niederschlags, des Abflusses sowie für die Entnahme von Abwasserproben wurden verkettete Kombinationen von drei Einzelgeräten beschafft und in den zu untersuchenden Testgebieten installiert und betrieben. Es handelt sich hierbei jeweils um

einen schreibenden Regenmesser,
einen Schreibpegel und
ein automatisches Probenahmegerät.

Der Regenschreiber wurde zur Messung und Registrierung des fallenden Niederschlags im Freien aufgestellt.

Schreibpegel und automatisches Probenahmegerät wurden in 2 benachbarten Kanalschächten eingebaut.
Alle 3 Geräte waren mit elektrischen Leitungen zur Übertragung der synchronisierenden Zeitsignale verbunden. Zwischen Pegel und Probenahmegerät bestand eine weitere Verbindung zur Übertragung des Startbefehls bei beginnendem Abfluß und eines Befehls zur vorzeitigen Beendigung oder Unterbrechung des Entnahmeprogramms bei Unterschreitung eines minimalen Grenzabflusses. Durch diese Schaltung war es möglich, die Probenahme an das tatsächliche Abflußgeschehen im Regenwasserkanal anzupassen und auch Mehrfachregen zu erfassen.
Der Einbau der Geräte in die Kanalschächte wurde von der Stadt Aachen geduldet und das Einziehen der Verbindungsleitungen vom Tiefbauamt der Stadt in dankenswerter Weise unterstützt. In vorangegangenen Gesprächen zeigte sich, daß eine Umgestaltung und Vergrößerung der Schächte aus betrieblichen Gründen und aus Rücksicht auf den Straßenverkehr nicht möglich war. Die Beschränkung auf den genormten Einstiegschacht bedeutete für die Auswahl der einzusetzenden Geräte eine scharfe Restriktion. Der knappe verfügbare Raum sowie Fragen der Versorgung mit Hilfsenergie stellten ein nur schwer zu überwindendes Hindernis dar. Außerdem sei an dieser Stelle vermerkt, daß im Jahre 1971 von der Industrie im Gegensatz zu heute noch recht wenige Probenahmegeräte und Abflußmesser angeboten wurden, die alle nicht für den direkten Einsatz im Kanalschacht entworfen und konstruiert waren. Daher erschien es damals notwendig, einen auf dem Markt angebotenen Druckluftpegel zu modifizieren und ein Probenahmegerät zu entwickeln (s. Abbildung 4).

2.4.3 Regenschreiber

Für die Messung und Registrierung des Niederschlags wurden Regenschreiber nach Hellmann der Firma Lambrecht in Göttingen eingesetzt. Die Auffangfläche beträgt 2oo cm^2. Bei einer Schwimmergefäß-Querschnittsfläche von 25 cm^2 ergibt sich eine Übersetzung des Aufschriebs von 1 : 8 , d.h. 1 mm Niederschlag entspricht 8 mm Aufschriebhöhe. Die Registrierstreifen werden von einem Federwerk mit 31-tägiger Gangdauer mit einem Vorschub von 2o mm/h bewegt.
Für die Schreibung der Zeitmarken wurden diese Geräte auf Wunsch mit einer elektromagnetischen Markiereinrichtung ausgerüstet.
Die Aufstellung erfolgte auf privaten Grundstücken. Im Falle des Testgebietes Gut Muffet stand ein Schrebergarten zur Verfügung. Im Gebiet Tivoli wurde der Regenschreiber in der Grünzone am Rande eines Trainingsplatzes der Sportanlage Tivoli aufgestellt.
Als provisorisches Fundament dienten jeweils 3 Beton-Probewürfel mit 2o cm Kantenlänge. Die Zuleitung des 24 V Gleichstromkabels für die Zeitmarkenschreibung erfolgte teilweise in PVC Hüllrohren mit geringer Erddeckung oder durch Aufhängung längs einer Einfriedung.
Da es sich bei den Regenschreibern um ausgereifte Produkte handelt, die in der Hydrometrie vielfach eingesetzt werden, waren bei ihnen die wenigsten Ausfälle oder Störungen zu verzeichnen. Lediglich im Winter kam es einige Male zum Verklemmen des Registrierstreifens infolge hoher Luftfeuchtigkeit im Gerät. Als Grund hierfür ist zu nennen, daß die vorh. Heizlampe nicht an das 22o V-Netz angeschlossen werden konnte. Zum Schutz gegen Einfrieren des Meßzylinders wurde dieser mit Spiritus und auch mit

Frostschutzmittel für Kraftfahrzeuge teilweise gefüllt. Natürlich mußte diese Füllung nach Niederschlägen und erfolgtem Abheben des Schwimmergefäßes laufend ergänzt bzw. erneuert werden.

2.4.4 Pegel zur Abflußmessung

Für die spätere Auswertung mußte die Ganglinie des Abflusses registriert werden. Die Messung des Abflusses in teilgefüllten Kreisrohren ist sehr schwierig. Sie wird in der Abwassertechnik im allgemeinen durch Erzwingen eines Fließwechsels und durch Abtastung der Oberwassertiefe realisiert.
Wie bereits erwähnt, durften die Schächte in ihrer baulichen Substanz nicht verändert werden. Daher kam der Einbau von Venturirinnen nicht infrage. Zur Herbeiführung eines Fließwechsels wurde eine strömungsgünstig geformte Sohlschwelle eingebaut. Ihre Höhe betrug 1/5 des Rohrdurchmessers. Sie wurde aus Stahlblech gefertigt und mit Dübeln auf der gemauerten Halbkreisrinne im Einsteigschacht befestigt. Zur Beibehaltung des Kreisquerschnittes von Zu- und Ableitung wurde im Schacht ein halbkreisförmiges Rohrstück aus Stahlblech ebenfalls mit Dübeln auf den seitlichen Auftritten befestigt. Die Abtastung der Oberwassertiefe erfolgte mit Hilfe der Lufteinperlmethode. Hierzu wurde ein Kupferrohr von 5 mm Durchmesser bis knapp über die Sohle des Zulaufgerinnes geführt. Im Betrieb traten Sandablagerungen und Verstopfung des Einperlrohres auf. Dessen Ausmündung wurde daraufhin etwas angehoben, wobei sie jedoch um eine definierte Höhe unter der Krone der Wehrschwelle lag. Die Luft zur Einperlung wurde einer 1o l Preßluft-Druckflasche mit max. 15o bar entnommen.
Der Primärdruck wurde durch einen zweistufigen Druckminderer auf ca. o,6 bar reduziert und der ausperlen-

de Luftstrom mittels Differenzdruckregler und Schwébekörperdurchflußmesser mit Nadelventil auf ca. 1 Luftblase pro Sekunde geregelt und von der Wassertiefe unabhängig konstant gehalten. Die vorgenannten Aggregate waren mit einem Trage- und Schutzbügel an der Preßluftflasche befestigt.
Diese Einheit konnte noch durch die Einsteigöffnung in den Kanalschacht hinabgelassen und dort auf dem seitlichen Auftritt abgestellt bzw. an einem Steigeisen aufgehängt werden.
Zur Messung des Einperlgegendrucks, der bei einer Dichte von 1 kg/dm^3 der Wassertiefe über der Einperlöffnung entspricht, wurde ein Druckluftpegel der englischen Firma ARKON verwendet. Es besitzt eine federbelastete Membrane, deren Auslenkung durch den Luftdruck über ein Hebelsystem auf eine Schreibfeder übertragen wird. In der benutzten Version konnten Wassertiefen von 0 bis 1oo cm gemessen und registriert werden. Die Schreibbreite betrug 6" = 15,2 cm, der Vorschub 3/4"/h = 19 mm/h. Das Federwerk hatte eine Laufzeit von 8 Tagen. Es war nicht so sicher, wie die Federwerke der Regenschreiber. Infolge hoher Luftfeuchtigkeit kam es zu Verknitterungen des Diagrammpapiers vor der aufnehmenden Rolle.
Die Pegel besaßen einen frei einstellbaren Micro-Schalter, der als Schließer zur Signalisierung der Überschreitung des Einschaltwasserspiegels zum Probenahmegerät benutzt wurde.
Dieser Schalter besaß eine große Schalthysterese, d.h. bei Einstellung des Einschaltwasserspiegels einige mm über Wehrkrone mußte das Wasser vor dem Wehr um mehrere cm fallen, um den geschlossenen Kontakt wieder zu öffnen. Obwohl die Wehrschwelle mit einem "Grundablaß" zur vollständigen Entleerung des Auf-

stauraumes versehen war, sank im praktischen Betrieb durch Verstopfung des Ablaßrohres auch nach Abflußende der Wasserspiegel im Oberwasser oft nicht unter die Wehrkrone ab, was dazu führte, daß das Entnahmeprogramm bis zum Ende weiterlief, so als ob noch Abfluß herrschte. Um diesen Mißstand zu beseitigen, wurden die Pegel mit einem magnetisch-induktiven Schalter ausgerüstet und der Microschalter nur zur Einschaltung der Spannungsversorgung für diese Schaltung verwendet. Wie später beim Probenahmegerät noch erläutert, war diese Schaltung notwendig, um den Stromverbrauch in der Warteposition, d.h. während der Regenpausen so gering wie möglich zu halten. Der magnetisch induktive Schalter besaß eine so kleine Schalthysterese, daß bei Unterschreiten des Einschaltwasserspiegels tatsächlich das laufende Entnahmeprogramm unterbrochen wurde und bisher noch nicht gefüllte Probeflaschen für einen nachfolgenden Regen in Bereitschaft standen.
Der Druckluftpegel wurde auf einem Tragring mit 4 Klauen, der anstelle des Schmutzfängers eingelegt wurde, unmittelbar unter dem Kanaldeckel aufgehängt. Zum Schutz vor Diebstahl diente eine durch die Steigeisen geschlungene und über den Pegel durch ein Vorhängeschloß gesicherte Stahlkette. Zum Schutz vor Schmutz und Niederschlag, der durch die Lüftungsöffnungen im Kanaldeckel eindringen konnte, diente eine Stahlblechabdeckung, die gleichzeitig das Gerät auf den vorerwähnten Tragring auflagerte und über der Preßluftflasche im Bereich des Schachtkonus aufhing.

2.4.5 Automatisches Probenahmegerät

Die durch die Enge des Aufstellraumes, die gerätefeindliche Atmosphäre im Kanalschacht und die fehlende Hilfsenergie gegebenen Randbedingungen grenzten das zur damaligen Zeit verfügbare Geräteangebot so stark ein, daß zur Erfüllung der gestellten Aufgabe ein Probenahmegerät entwickelt werden mußte. Dies geschah nach Anweisungen und Skizzen des Instituts durch einen örtlichen Handwerksbetrieb der Elektro-Maschinen-Branche.

Das direkte Schöpfen der Probe aus dem in Kanal fließenden Hauptstrom wurde nach anfänglichen Überlegungen wieder verlassen, da hierbei die Gefahr der Verschmutzung und Störung durch die im Abwasser mitgeführten sperrigen Inhaltsstoffe zu groß war. Als sichere Alternative wurde die Förderung eines kleineren Teilstromes mit Hilfe einer Pumpe angesehen. Um auch hierbei die Gefahr der Verstopfung zu verringern, wurde eine Exzenterschneckenpumpe vom Typ Moineau,in Deutschland auch als Mohno-Pumpe bezeichnet, ausgewählt. Diese Verdrängerpumpe besitzt einen Stator aus Perbunan, in dem sich über eine Kuppelstange angetrieben ein wendelartig geformter Rotor dreht. Bei ähnlichen Aufgaben haben sich im ISWW Tauchpumpen der Firma Netzsch bewährt. Diese ursprünglich als Faßpumpen konzipierten Tauchpumpen von 75o mm oder 15oo mm Schaftlänge wurden auf unseren Wunsch vom Hersteller auf 275 mm verkürzt, sowie saug- und druckseitig mit Schlauchtülle versehen. Durch diese Kurzbauweise wurde ihr Einsatz im Kanalschacht erleichert.

Der Antrieb erfolgte durch einen 24 V Gleichstrommotor über ein zwischengeschaltetes Untersetzungsgetriebe. Die niedrige Gleichspannung wurde gewählt, weil sie aus 2 hintereinandergeschalteten 12 V Fahrzeugbatterien bezogen werden konnte, und weil sie für das Bedienungspersonal in der feuchten Umgebung noch keine Gefahr durch elektrische Schläge darstellte. Allerdings konnte das Problem der Explosionsgefahr nicht ausgeschaltet werden, da entsprechend Ex-geschützte Aggregate zu groß, zu unhandlich oder zu teuer gewesen wären. Da es sich um Regenwasserkanäle handelte, in denen sich allenfalls nach einem Tankfahrzeugunfall zerknallfähige Gase bilden können, wurde die Wahrscheinlichkeit einer Gefährdung als gering erachtet. Dennoch sollte bei zukünftigen Untersuchungen die Vorschriften über den Explosionsschutz in explosionsgefährdeten Räumen beachtet werden.

Da in Regenwasserkanälen bei sommerlichen Starkregenereignissen die Gefahr der Kanalnetzüberstauung besteht, wurden die Elektromotoren der in hängender Aufstellung montierten Pumpen durch eine unten offene Stahlhaube (Taucherglocke) vor Überflutung geschützt. Da in dem quasi abgeschlossenen Raum der Lüfter des E-Motors keine ausreichende Kühlung mehr erzielt hätte, wurde durch ein zylindrisches Leitblech der Luftstrom so geführt, daß von unten durch einen ringförmigen Spalt stets Luft der Umgebung angesaugt wurde und die erwärmte Abluft durch eine mittige Ringdüse so weit abgeblasen wurde, daß sie nicht oder nur noch zum geringen Teil wieder in den Kreislauf gelangen konnte. Bei Überstauung der Taucherglocke konnte der Luftkreislauf durch Öffnungen im inneren Luftleitblech aufrechterhalten werden, der sich an den gekühlten Außenflächen der Taucherglocke abkühlte. Die Entnahme des Abwassers erfolgte über einen 1/2" Schlauch mit einem torpedoförmigen Saugkorb. Die Eintrittsöffnungen hatten einen Durchmesser von 1o mm. Um in dem Regenwasserkanal schon bei Ablaufbeginn ein genügend tiefes Wasserpolster für den Saugkorb aufzustauen, wurde ein dem Umfang des Kanals angepaßtes Staublech eingebaut. Dieses besaß mehrere Bohrungen, so daß es nach Abflußende leerlaufen konnte.

Bei Mohnopumpen besteht beim Trockenlauf die Gefahr der Zerstörung des Stators durch Erhitzen.
Daher wurde als Trockenlaufschutz in den Saugkorb ein Sensor eingebaut, der bei Wassermangel die Pumpe automatisch abschaltete.
Der Probenteilstrom wurde durch einen 1/2" Druckschlauch in das Probenahmegerät gefördert und dort nach dem Prinzip der offenen Weiche in die im unteren Teil des Gerätes aufgestellten Probenflaschen abgefüllt. Das Gerät enthielt außer der Steuereinheit für die ganze Gerätekombination noch die beiden Akkumulatoren zur Spannungsversorgung. Da in den Kanalschächten die vorhandenen Steigeisen nicht verändert (d.h. entfernt oder versetzt) werden durften, mußte das Gerät in seinen äußeren Abmessungen auf den in jedem genormten Einsteigschacht auch bei ungünstiger Anordnung von Konus und Steigeisen verfügbaren Freiraum angepaßt werden. Das Gerät bestand aus zwei zylindrischen Körpern, dem oberen Batterieraum für 2 Stück 9o Ah Fahrzeugbatterien und darunter einem in 2 Etagen aufgeteilten Zylinder mit Schalteinheit in der Mitte und Flaschenraum unten. Da der untere Zylinder nur ca. 4o cm Durchmesser aufweisen durfte, konnten 1o Stück 1 l Weithalsflaschen aus Polypropylen aufgestellt werden. Die Ablenkung des im Zentrum des Flaschenraumes freifallenden Probenteilstromes in die Probenflaschen erfolgte durch S-förmig gekrümmte Rohre, die durch 1o Elektromagnete (je einer über jeder Flasche) in den Strahl vorgeschoben werden konnten. In den Zwischenzeiten fiel der Strahl in einen zentralen Auffangtrichter, von wo aus das Abwasser über einen Ablaufschlauch an der unten aufgestellten Pumpe vorbei in den Kanal zurückgegeben wurde. Die Probenahme erfolgte zeitabhängig als Stichprobe in Intervallen von 3 - 15 Minuten nach Abflußbeginn.

Die Steuerung war so konzipiert, daß die in den Batterien vorhandene Reserve an elektrischer Arbeit möglichst sparsam genutzt wurde.
So war in den Regenpausen, also in Warteposition der Gerätekombination nur eine Spannungsüberwachung mit sehr geringer Leistung ständig eingeschaltet. Diese Überwachung schaltete bei Unterschreitung von 22 V das Gerät vollständig ab. Dadurch konnte vermieden werden, daß die ggf. zu tief entladenen Batterien durch Aufschalten des größten Verbrauchers, der Pumpe, bis zur vollständigen Entladung belastet und damit geschädigt wurden.
Der Start des Programms wurde vom Druckluftpegel aus gesteuert, der über ein Kabel in der Haltung zwischen Probenahmeschacht und Pegelschacht verbunden war. Der Programmablauf begann mit einer einstellbaren Vorlaufzeit der Pumpe. Dadurch wurde sichergestellt, daß das ganze benetzte System durchgespült war und der im Gerät anfallende Teilstrom dem Hauptstrom im Kanal entsprach.
Nach Ablauf der Spüldauer konnte die 1. Probenflasche vollständig (Stichprobe) oder portionsweise über einen längeren Zeitraum (Sammelprobe) gefüllt werden. Da die Ganglinien der Verschmutzung erfaßt werden sollten, wurden Stichproben in relativ kurzen Intervallen gezogen.
Zur Schonung der Batteriekapazität wurde das Pumpen nach der Probenahme unterbrochen. Um ein Absetzen der Wasserinhaltsstoffe in den Schläuchen zu vermeiden, wurde der Drehsinn des Antriebs durch Umpolung des Feldstromes gewechselt und das System entleert. In der verbleibenden Pause war als Verbraucher nur das Zeitschaltwerk für das Probenintervall aufgeschaltet. Bei länger andauernden Regen bzw. Abflüssen im Kanal wurden also nacheinander 1o Flaschen mit Abwasserproben gefüllt. Falls jedoch vorher der Einschaltwasserspiegel

im Pegelschacht unterschritten wurde, so wurde das Programm vorübergehend unterbrochen. Es konnte nach neuerlicher Überschreitung des Einschaltwasserspiegels mit der nächsten Probenflasche fortgesetzt werden.
Die Abholung der Probenflaschen nach Regenfällen und der turnusmäßige Austausch leerer Batterien gegen aufgeladene erfolgte durch studentische Hilfskräfte. Nach Entnahme der schweren Batterien aus dem nach oben zu öffnenden Batterieraum konnte das Gerät auch bei Zuladung von 1o kg Probenwasser von 2 Personen aus dem Kanalschacht gehoben werden. Um diese Arbeit zu erleichtern, wurde ein Dreibock mit Seilwinde gebaut. Die Beine konnten auf die Hälfte verkürzt werden, was die Mitnahme im Pkw ermöglichte.
Um den vollzogenen Start des Programms auch ohne Herausnehmen des Gerätes nach außen kenntlich zu machen, wurde nachträglich auf der Oberseite des Batterieraumes eine Kontrolleuchte angebracht, die durch einen Taster abgefragt werden konnte. Bei geschicktem Auflegen des Kanaldeckels war es möglich, diese Abfrage mit einem Stöckchen durch eine der Lüftungsöffnungen zu vollziehen. Damit erübrigte sich in ungewissen Fällen das mühsame Herausnehmen des Gerätes.
Um das Probenahmegerät und die ggf. begehrteren Autobatterien vor Diebstahl zu schützen, wurden Gerät und Deckel des Batterieraumes wie beim Pegel durch eine ums Steigeisen geschlungene und über dem Gerät mit Vorhängeschloß verbundene Stahlkette gesichert. Während der Durchführung des Forschungsvorhabens entstanden keine Verluste durch Diebstahl.
Die Anordnung der Geräte ist in Abbildung 3 dargestellt. Fotos der Geräte sind in der Veröffentlichung (12) enthalten[x)] (s.a. Abbildungen 4a und 4b).

[x)] Ein Sonderdruck der Veröffentlichung ist dem Bericht beigelegt.

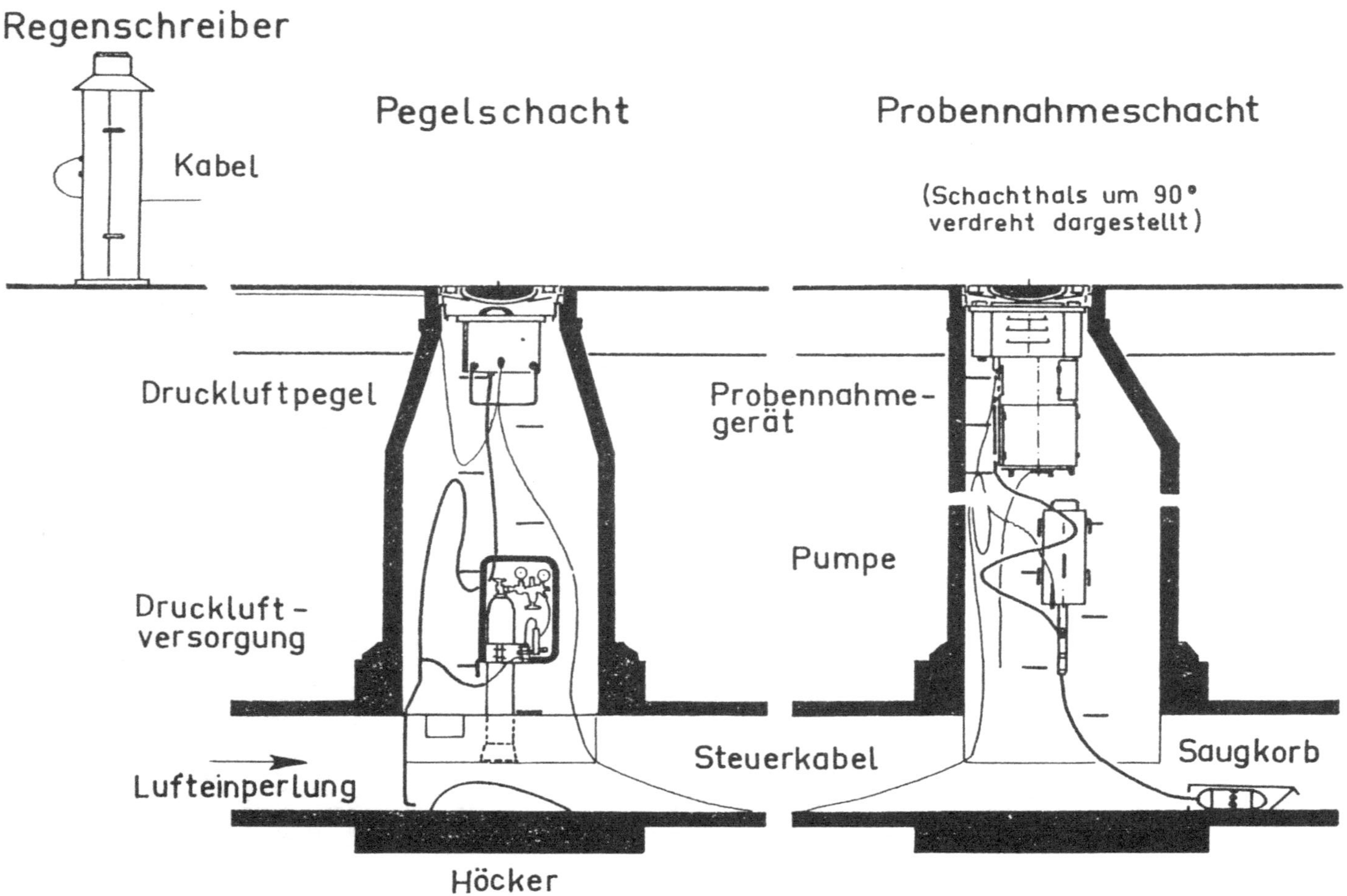

Abbildung 3 Anordnung der Geräte

Abbildung 4a Pegelmeßgerät

Abbildung 4b Automatisches Probenahmegerät

3. Beschreibung der Analytik

Die chemischen Untersuchungen wurden im Labor des ISWW durchgeführt.
Die durch die Probenahmegeräte automatisch gezogenen Proben wurden sobald wie möglich abgeholt und anschließend im Labor untersucht, sofern die Proben während der Dienstzeit angeliefert wurden. Wenn die Proben außerhalb der Dienstzeit abgeholt wurden oder im Labor nicht sofort untersucht werden konnten, wurden die Proben durch Tiefgefrieren konserviert.
Die konzervierten Proben wurden später nach Auftauen untersucht.
Die Parameter Sedimente (absetzbare Stoffe) und Trockensubstanz wurden nach Auftauen nicht bestimmt, da sich diese Werte durch das Einfrieren der Proben verändern (13).
Im einzelnen wurden folgende Untersuchungen an den Regenwasserproben durchgeführt:

Sichttiefe
Sedimente (absetzbare Stoffe nach 12o Min.,abgekürzt mit AS)
Trockensubstanz (Gewicht der ungelösten Stoffe,abgekürzt mit TS)
Glühverlust der Trockensubstanz
Leitfähigkeit
pH-Wert
BSB_5
CSB
TOC
PO_4^{3-}
NO_2^-
NO_3^-
NH_4^+

Die Durchführung der Analysen ist im folgenden Kapitel beschrieben.

3.1 Sichttiefe

Die Sichttiefe wurde aus den Originalproben bestimmt (s. Ziffer 3.2).
Die Bestimmung erfolgte entsprechend derVorschrift C 2 der Deutschen Einheitsverfahren (DEV) mit einem Durchsichtigkeitszylinder mit konstanter elektrischer Lichtquelle (14). Der Zylinder hatte eine Höhe von 5o cm. Falls die Sichttiefe bei Wasser-

proben größer als 5o cm betrug, wurde der Wert > 5o angegeben.

3.2 Sedimente

Die Sedimente wurden nach der Methode H 2 der DEV im Absetzglas nach Imhoff bestimmt (15). Die Bestimmung erfolgte nur bei frisch angelieferten Proben, insbesondere dann, wenn nach der Probenahme nicht mehr als ein halber Tag vergangen war, und besonders nicht nach Einfrieren und Wiederauftauen der Proben zwecks Konservierung. Denn der Gehalt an absetzbaren Stoffen verändert sich durch Gefrieren der Wasserprobe, ebenso durch längeren Transport, Erschütterungen und Wärme (16).

3.3 Trockensubstanz

Die Trockensubstanz wurde sofort nach der Bestimmung der Sedimente (Ziffer 3.2) ermittelt. Dazu wurden die Sedimente aus dem Bodenablaßhahn der Absetzgläser abgefüllt und durch Glasfaserfilter entsprechend der Vorschrift H 2 der DEV (15) filtriert, getrocknet und zur Wägung gebracht. Anstelle des in der Vorschrift H 2 beschriebenen Filtriergerätes wurden Goochtiegel mit Lochplatte verwendet, wie es im Labor des ISWW seit vielen Jahren üblich ist (18) und auch früher in den DEV angegeben war.

3.4 Glühverlust

Nach Auswiegen der Tiegel für die Trockensubstanz (Ziffer 3.3) wurde der Glühverlust entsprechend der Vorschrift H 2 der DEV bestimmt (15). Auch hier wurden die Glasfaserfilter zusammen mit den Goochtiegeln gewogen.

3.5 Leitfähigkeit

Die elektrische Leitfähigkeit wurde nach der Vorschrift C 8 der DEV bestimmt (17).
Als Leitfähigkeits-Meßgerät (Meßbrücke) stand ein WTW Leitfähigkeitsmesser, Type LBR und eine Leitfähigkeits-Doppel-Platin-Elektrode mit der Konstante 0,614 zur Verfügung, das ist der Elektrodenabstand in cm.

3.6 pH-Wert

Der pH-Wert der Proben wurde entsprechend der Vorschrift C 5 der DEV durchgeführt (19). Als Meßgerät stand ein pH-Meter der

Firma Knick zur Verfügung. Das Gerät wurde routinemäßig mit Eichlösungen überprüft.

3.7 BSB_5

Der BSB_5 wurde anfangs und zur Kontrolle aus den von Sedimenten befreiten absetzbaren Wasserproben entsprechend der Vorschrift H 5 der DEV bestimmt (2o), also nach dem Verdünnungs-BSB nach Winkler.
Serien von Proben wurden mit einem Sapromat AG der Firma Voith auf den BSB_5 untersucht.

3.8 CSB

Der CSB wurde ebenfalls aus den abgesetzten Abwasserproben nach der Dichromatmethode in Anlehnung an die Vorschrift H 4 der DEV bestimmt (21). Zur Durchführung stand ein AutoAnalyzer der Firma Technicon zur Verfügung. Die zu Vorversuchen verwendete Methode nach Wagner (22) wurde für die Hauptuntersuchungen verbessert (23). Die Aufschlußtemperatur betrug 16o° C. Es wurde sowohl Quecksilber- als auch Silbersalz zugegeben. Die Säurekonzentration betrug 9o,5 Gew. %, die Aufschlußzeit im Aluminium-Blockthermostaten 7 Minuten. Diese Zeit reicht nach neueren Forschungsergebnissen zum Aufschluß einiger organischer Verbindungen nicht aus (24, 25). Doch sind die Ergebnisse nach den Erfahrungen am ISWW ähnlich denjenigen der DEV-Methode (21), wie durch Vergleichsanalysen erkannt. Die Analyse erfaßt die insgesamt vorhandene organische Substanz zu etwa 9o %. Nach einem Vorschlag der Fachgruppe Wasserchemie (26) soll diese Methode wie auch andere Kurzzeitmethoden nicht mehr CSB, sondern CSV genannt werden. CSV steht für chemischer Sauerstoff-Verbrauch.

3.9 TOC

Der Gehalt an organisch gebundenem Kohlenstoff ist eine moderne Analyse, die noch nicht in die DEV aufgenommen worden ist. Es ist die von Justus von Liebig eingeführte Elementaranalyse auf organisch gebundenen Kohlenstoff, die bis vor kurzem noch in verbesserter Form per Hand mit Glasgeräten durchgeführt wurde (27). Im Labor des ISWW stand das Gerät Total Organic Carbon Analyzer, Modell 915, von Beckman zur Verfügung.

3.1o Phosphat, PO_4^{3-}

Der Gehalt an Phosphat wurde in Anlehnung an die Vorschrift J 6 der DEV durchgeführt (28), nämlich als Phosphor-Molybdat-Komplex, der durch leichte Reduktionsmittel eine Blaufärbung ergibt. Die Methode wird durch Link beschrieben (29). Durch sie werden nur lösliche Ortho-Phosphate erfaßt. Doch stellen diese den Hauptanteil der Phosphate im Regenwasser dar.

3.11 Nitrit, NO_2^-

Nitrit wurde nach der Vorschrift D 1o der DEV von 1971 durchgeführt (3o), mit p-Sulfanilsäure und Naphthylamin.
Die siebte Lieferung der DEV beinhaltet eine leicht abgewandelte Methode. Die Ergebnisse wurden in mg N/l angegeben.

3.12 Nitrat, NO_3^-

Nitrat wurde nach der Vorschrift D 9 der DEV von 1971 durchgeführt (31), mit Natrium-Salicylat. In der siebten Lieferung der DEV ist inzwischen eine geänderte Methode angegeben. Die Ergebnisse wurden als mg N/l berechnet.

3.13 Ammonium, NH_4^+

Der Gehalt an Ammonium wurde zu Anfang der Arbeit nach der seinerzeit empfohlenen Vorschrift E 5 der DEV untersucht (32), und zwar mit Natrium-Salicylat, Natrium-Nitroprussit und Natrium-Dichlorcyanurat. Diese Methode war zu aufwendig, störanfällig und zeitintensiv. Wegen der Eigenfärbung des verschmutzten Regenwassers mußten die Proben der alkalischen Destillation unterworfen werden, wie es die DEV empfehlen (32). Bei der hohen Bedeutung von Ammonium als Verschmutzungsfaktor von Wasser und der Unbeständigkeit und Flüchtigkeit des Ammoniaks wurde es für angebracht gehalten, Ammonium möglichst schnell nach Eintreffen der Proben im Labor zu untersuchen. Daher wurde der vorhandene Gerätepark um einige Teile ergänzt, die es gestatteten, Ammonium mit einem Analysenautomaten schnell und sicher zu bestimmen (33). Die Methode beruht auf der Entwicklung des Farbstoffes Indophenolblau und kann auch per Hand durchgeführt werden (34).

3.14 Ölgehalt

In dem Zwischenbericht über das Projekt für das Jahr 1973 war angekündigt worden, daß einige typische Proben auch gaschromatographisch auf Ölspuren untersucht werden sollten. Die Methode wurde an einem im Labor des ISWW vorhandenen Gaschromatographie-Gerät der Firma Beckman Instruments eingearbeitet (35).

Die qualitative Suche nach Öl- und Benzinspuren in den Regenwasserproben verlief negativ. Keinmal wurde der Geruch nach Öl oder Benzin wahrgenommen. Da in der Organoleptik bekannt ist, daß die menschliche Nase auf viele geruchsintensive Stoffe wie auch Öl und Benzin äußerst fein reagiert, und zwar feiner als die Gasspürgeräte, wurde von einer weiteren Untersuchung unter Einsatz des Gaschromatographen Abstand genommen.

4. Klima und Witterung

4.1 Definition der Regentypen

In der Meteorologie sind die Arten der Niederschläge klar definiert, u.a. nach der Tröpfchengröße und nach der Intensität. Letztere ist für die Abflußmenge in einem Kanal entscheidend. Ein gleichmäßiger Regen heißt "Regen" oder "Nieselregen" je nach der Tröpfchengröße (Tropfen mit größerem oder kleinerem Durchmesser als o,5 mm). Seine Intensität wird in mm/h gemessen. Ein Regenguß von maximal 45 Minuten Dauer heißt "Schauer". Diese Intensität wird in mm/1o Min. gemessen.
Jede dieser drei Regenarten wird in "leicht", "mäßig" oder "stark" eingeteilt, bei Regenschauern auch in "sehr stark" (36). Die Unterscheidungsgrenzen zwischen den Bezeichnungen leicht, mäßig und stark sind auf der Skala in der Abbildung 5 zu erkennen.

Einteilung der Regenarten

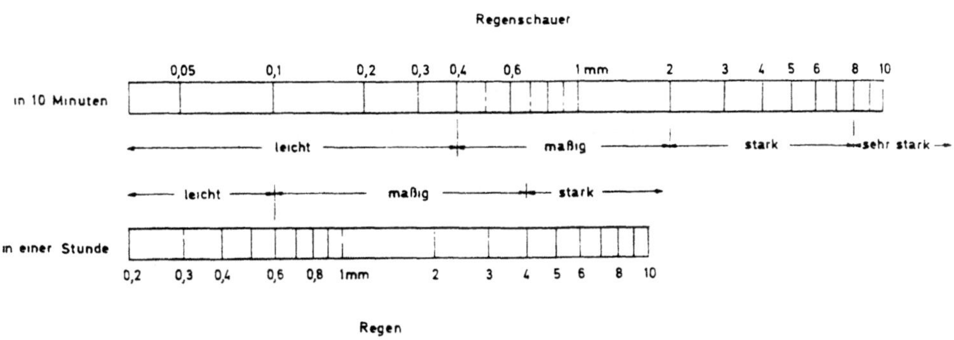

Die für die vorliegende Arbeit gemessenen Regenereignisse wurden nach Aussage der Meßstreifen der Regenschreiber sowie nach dem Wetter der Vortage gruppenweise in Regentypen eingeteilt. In der Regentypbezeichnung sowohl die Regenart (leicht, mäßig, stark oder Regenschauer) als auch die Zahl der Trockentage vor dem RE berücksichtigt. Nieselregen wurde in die Gruppe des leichten Regens aufgenommen.
So wurden folgende Abkürzungen festgelegt:

lR/R	leichter Regen nach Regen, wobei "nach Regen" bedeutet, Regen während der vorhergehenden 24 Stunden.
mR/R	mäßiger Regen nach Regen
sR/R	starker Regen nach Regen
RS/R	Regenschauer nach Regen In dieser Gruppe wurden leichte und mäßige Regenschauer zusammengefaßt.

Wie die Abb. 5 zeigt, fallen nach der Intensität des Niederschlags starker Regen und mäßiger Regenschauer zusammen.

lR/T	leichter Regen nach Trockenheit
mR/T	mäßiger Regen nach Trockenheit
sR/T	starker Regen nach Trockenheit
RS/T	Regenschauer nach Trockenheit

Die Zahl der niederschlagsfreien Tage wurde, falls es aussagekräftig war, vor das T gesetzt, so daß es z.B. heißt: mR/4 T. Falls länger als 7 Tage vorher Trockenwetter herrschte, wurde trotzdem nur 7 T geschrieben.

4.2 Wettermessungen

Von der Wetterstation Aachen werden seit 1871 Wetterbeobachtungen angestellt. Die Station liegt auf dem Wingertsberg, 2o2 m ü.N.N, inmitten des Kurgartens. In der Abbildung 6 (Stadtplan von Aachen) ist die Stelle der Wetterstation mit 7 bezeichnet. Die Monatsmittelwerte von Lufttemperatur, die Zahl der Frosttage, die Zahl der Eistage und die Niederschlagshöhen pro Monat als Mittel der Jahre 1961 - 197o sind in der Tabelle 4 aufgeführt.

Wetterstation Aachen Wingertsberg, 2o2 m ü.M.

Tabelle 4

Mittlere, monatliche und jährliche Klimadaten, Aachen 1961 - 197o			
	Temp. °C	Zahl der Frosttage x)	Zahl Eistage x)
Januar	1,7	14	6
Februar	2,6	15	3
März	4,7	1o	1
April	9,7	2	0
Mai	12,4	0	0
Juni	15,9	0	0
Juli	16,8	0	0
August	16,4	0	0
September	14,7	0	0
Oktober	11,1	1	0
November	5,8	6	1
Dezember	1,6	16	7
Mittel- bzw. Jahressumme	9,4	64	18

x) Hier sind die Jahre 1951 - 1965 gemittelt.

Die Niederschlagshöhen während der beiden Jahre der Regenwassermessung sind in der Tabelle 5 aufgeführt.
In dem Stadtplan (Abbildung 6) trägt die Meßstelle Muffet die Nr. 1. In ihrer Nähe befinden sich die beiden Regenmeßstationen Reinartskehl (mit Nr. 5 gekennzeichnet) und Melaten (mit Nr. 6 gekennzeichnet). Die Meßstelle Tivoli trägt die Nr. 2. Sie liegt zwischen der Aachener Wetterstation (Nr. 7) und der Regenmeßstation am Labor des ISWW, Nr. 8.

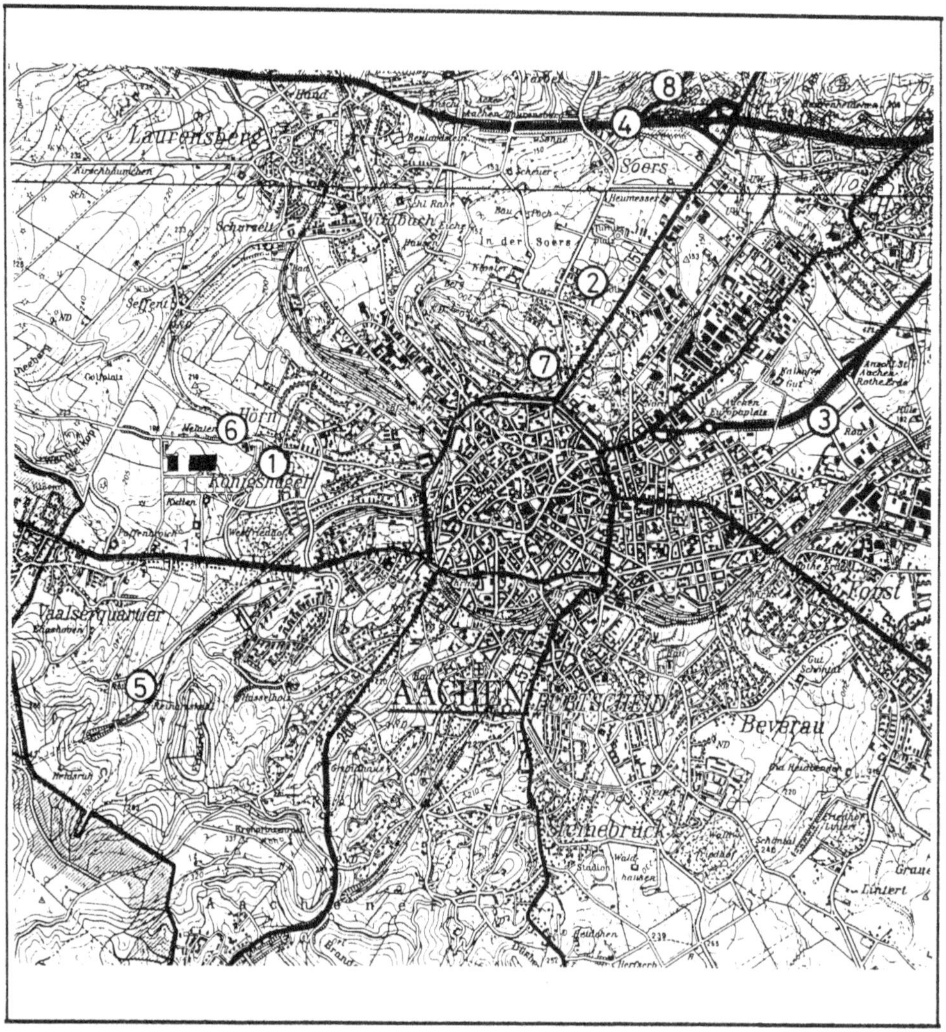

Abbildung 6 Stadtplan von Aachen mit Lage der Meßstellen

Tabelle 5

Monatliche Niederschlagshöhen in den beiden Niederschlagsjahren während der Regenwasserprobenahme an vier verschiedenen Stellen in Aachen

Jahr	Stelle	Nov.	Dez.	Jan.	Febr.	März	Apr.	Mai	Juni	Juli	Aug.	Sept.	Okt.	Summe
1972/73	Reinartskehl	66,2	23,2	25,o	1o5,6	32,1	7o,9	71,9	31,4	28,6	19,5	21,7	74,1	57o,2
	Melaten	48,8	2o,7	19,9	69,3	28,o	86,1	59,3	5o,6	74,4	23,2	28,8	81,2	59o,3
	Labor	62,9	26,5	18,1	128,6	39,6	122,9	88,7	31,o	61,6	36,7	27,5	8o,o	724,1
	Wingertsberg	63,3	22,3	26,2	1o8,2	3o,7	91,5	88,8	3o,3	68,1	24,4	27,3	84,4	665,5
1973/74	Reinartskehl	59,3	76,4	55,5	43,9	6o,3	23,3	58,4	87,7	7o,6	5o,5	89,1	166,4	841,4
	Melaten	34,5	6o,o	45,1	34,9	46,7	19,o	92,8	74,2	78,2	78,o	78,5	128,1	77o,1
	Labor	63,7	92	65,9	4o,7	65,o	24,2	127,1	84,4	94,9	93,5	95,6	153,o	1ooo,o
	Wingertsberg	6o,7	75,5	55,o	38,o	54,5	23,o	9o,8	97,3	83,7	87,5	84,2	144,4	894,6
1o-Jahres-mittel	Wingertsberg 1961-197o	75	79	64	59	59	76	68	78	88	97	53	6o	856

Die Probenahmeeinrichtung Hüttenbach (Nr. 3) liegt etwa 2 km ostwärts der Wetterstation (Nr. 7). Die Höhen über NN der Stellen sind in der Tabelle 6 genannt.

Tabelle 6

Lage und Höhe der Meßstellen und Regenmeßstationen			
Nr. im Stadtplan Abb.	Bezeichnung	Lage zum Zentrum Aachens	Höhe über NN m
	Meßstellen:		
1	Muffet	2 km W	215
2	Tivoli	1,9 km NNO	157
3	Hüttenbach	2,6 km ONO	165
4	Autobahn	3,4 km NNO	149
	Regenmeßstationen		
5	Reinartskehl	3,7 km SW	24o
6	Melaten	2,5 km NW	21o
7	Wingertsberg	1,1 km NO	2o2
8	Labor	4 km NNO	139

Ein Vergleich der Monatssummen der vier Regenmeßstationen zeigt recht große Unterschiede. Innerhalb des Gebietes von Aachen kommen bei den Monatssummen Minderbefunde von 45 % und Mehrbefunde von 67 % vor. Die regenärmste Gegend liegt westlich von Aachen im Wurmtal, wenn nur die vier genannten Stellen beurteilt werden.
Auch bei den Jahressummen treten noch Minderbefunde von 14 % und Mehrbefunde bis zu 26 % gegenüber den Werten der amtlichen Wetterstation auf.
Im einzelnen wurde beobachtet, daß selten ein RE von Muffet auch gleichzeitig oder um Minuten versetzt, wie es nach Richtung der Zugbahnen der Cumulus-Wolken zu erwarten war, an der Meßstelle Tivoli auftrat. So gab es zwischen beiden Meßstellen nur wenige direkte Vergleichsmöglichkeiten.
Das Niederschlagsjahr 1972/73 war in Aachen um etwa 25 % trokkener als das langjährige Mittel, das Niederschlagsjahr 1973/74 um etwa 5 % niederschlagsreicher.

5. Ergebnisse

Allgemeines

Die Ergebnisse der Untersuchungen sind in Tabellen zusammengefaßt (Band II). Insgesamt wurden 945 Regenwasserproben auf die unter Ziffer 3 genannten Parameter untersucht. Bei den meisten Proben wurde nicht auf alle der genannten Parameter untersucht. Das war teilweise arbeitstechnisch bedingt, wie bereits unter Ziffer 3 dargelegt. Denn oft war es nicht möglich, die Proben bald nach der Probenahme ins Labor zu transportieren und die Untersuchung zu beginnen, besonders bei den Probeserien, die von Freitag nachmittag bis Sonntag automatisch gezogen worden waren.
Auch fielen gelegentlich Laborgeräte aus. Außerdem wurde nach Auswertung der ersten Analysenserien das Analysenprogramm teilweise geändert. Da die Ergebnisse der Phosphatuntersuchung zeigten, daß die Werte bei allen Regenwasserproben niedrig lagen und keine Tendenzen zu erkennen waren, wurde bei den späteren Proben nicht mehr auf Phosphat untersucht.
Das Entsprechende gilt für die gaschromatographische Untersuchung auf Öle und Benzin. Diese Untersuchung wurde fallengelassen, da in keinem Falle Öle oder Benzin qualitativ gefunden wurden.
So lag das Hauptgewicht der Untersuchungen auf den Aussagen über den Gehalt an Sedimenten und den Gehalt an organischer Verschmutzung (gemessen als CSB, TOC, teilweise auch als BSB_5).
Der größte Ungenauigkeitsfaktor der Untersuchungen bestand auf der Seite der Abflußmessungen. Diese Tendenz ist inzwischen in der Fachwelt bekannt (37). Den rauen Bedingungen zu jeder Jahreszeit und bei jedem Wetter sind die Abflußmeßgeräte nicht immer gewachsen. So hatten die Geräte oft Störungen, sei es nur, daß sich das Schreiterpapier beim Vorschub verklemmte oder sich die Eichung der Nullinie der Pegelmessung verschob. Das Ergebnis war, daß die Genauigkeit der registrierten Abflüsse viel geringer war als die Genauigkeit der Analysen.
Daher wurden die gemessenen Abflüsse nicht zur Berechnung von Frachten der einzelnen Messungen ausgenutzt. Die Gesamtfrachten wurden vielmehr aus den Konzentrationen und der jährlichen Regenhöhe, reduziert um den Abflußbeiwert errechnet, wobei noch ein gewisser Abschlag für Benetzungsverluste angebracht wurde.

5.1 Mittelwerte der Verschmutzung des abfließenden Regenwassers

Die Mittelwerte der Verschmutzung des abfließenden Regenwassers an den beschriebenen Meßstellen sind in der Tabelle 7 enthalten.
Die Mittelwerte der Parameter der drei Meßstellen sind recht ähnlich.
Zur Berechnung der Gesamtmittelwerte wurden nur die Mittelwerte der Meßstellen Muffet und Tivoli verwendet, und zwar im Verhältnis 1 : 1. Die Mittelwerte von der Meßstelle Hüttenbach sind wegen der geringen Zahl der Einzelwerte nicht genügend gesichert. Gleichwohl liegen die Werte der organischen Verschmutzung in der Nähe der Gesamtmittelwerte.

5.1.1 Sedimente (Absetzbare Stoffe)

5.1.1.1 Mittelwerte und Extreme

Der Gehalt an Sedimenten ist ausschließlich durch den Straßenschmutz bedingt. Originäres Regenwasser hat 0 ml/l absetzbare Stoffe. Der Mittelwert der absetzbaren Stoffe mit 1,3 ml/l liegt mehr als dreimal so hoch wie in Pullach nach der Untersuchung von Brunner (2). Der hohe Mittelwert wird zum Teil durch einige sehr hohe Werte der absetzbaren Stoffe bedingt, zum Teil durch eine ganze Reihe von Probeserien, bei denen über mehrere Proben eine Stunde nach Abflußbeginn immer noch um 1 ml/l absetzbare Stoffe vorhanden sind. Fast immer sind die höchsten Sedimentgehalte in der ersten Probe kurz nach Abflußbeginn zu finden.
Der Glühverlust der Trockensubstanz der Sedimente kann sehr unterschiedlich sein, wie die Grenzen 2 - 93 % GV zeigen. Gelegentlich haben die ersten Proben bei höherem Sedimentgehalt geringe Glühverluste, da in ihm der Sand enthalten ist. Die späteren Proben bei abklingendem Abfluß und niedrigem Sedimentgehalt enthalten einen größeren Anteil leichter, organischer Substanz. Der GV (in %) nimmt bei diesen Proben mit der Abflußzeit zu.
Am häufigsten sind jedoch die Fälle, bei denen der GV der

Tabelle 7

Mittelwerte der Verschmutzung des abfließenden Regenwassers [1)]

		Muffet	Tivoli	Hüttenbach	Regen	Muffet + Tivoli Mittel	max	min
Sedimente	ml/l	1,1	1,6		o	1,3	27	o
Trockensubstanz	mg/l	133	239			186	274o	2
Glühverlust	%	33	26			3o	93	2
Leitfähigkeit	µS/cm	169	43o		67		2741	21
pH							11,8	4,9
BSB_5	mg/l	11,3	14,5	13,7		12,9	7o	2
CSB	mg/l	34,7	28,5	46	19	31,6	22o	5
TOC	mg/l	18,1	16,6	27	7,5	17,4	11o	2
BSB_5/CSB [2)]		0,3o	0,37	0,30		0,34		
CSB/BSB_5 [2)]		3,3	2,7	3,4		3,0		
PO_4^{3-}	mg P/l	0,13						
NO_2^-	mg N/l	0,o8	o,o9			o,o8		
NO_3^-	mg N/l	1,1	3,6	2,3	1,3	2,4		
NH_4^+	mg N/l	1,2	o,6	1,9	1,3	o,9		

1) Die Probeserien von Fremdwasser wurden nicht einbezogen

2) Quotient aller Proben, von denen beide Werte bestimmt wurden

TS von Probe zu Probe schwankt. Das läßt wenigstens die Aussage zu, daß Sand und leichte Anteile bei schwankendem Abfluß durch eine Art Flotation getrennt werden.
Beispiele:

RE M 5 am 13. Juni 1973 AS: 27 ml/l
in Probe 1 fünf Minuten nach Abflußbeginn

RE T 17 am 21. März 1974 AS: 2o ml/l
in Probe 1 fünf Minuten nach Abflußbeginn

RE M 39 am 11. März 1974 AS: 1o ml/l
mit einem Gewicht von TS = 1968 mg/l
in Probe 1 unmittelbar nach Abflußbeginn

RE T 24 am 13. Mai 1974 AS: 1o ml/l
in Probe 1 sechs Minuten nach Abflußbeginn

RE T 27 am 23. Mai 1974 AS: 1o ml/l
in Probe 1 19 Minuten nach Abflußbeginn eines Regenschauers.

Bei diesem RE wies auch die zweite Probe 28 Minuten nach Abflußbeginn den gleichen hohen Gehalt an AS von 1o ml/l auf.

RE T 1 am 11. Januar 1974 AS: 11 ml/l
in Probe 1 23 Minuten nach Abflußbeginn bei einem mRS/R.
In Probe 2 32 Minuten nach Abflußbeginn gehen die AS auf 6,5 ml/l, steigen jedoch in Probe 3 53 Minuten nach Abflußbeginn sogar auf 21 ml/l.
Was weder Regenschreiber noch Kanalschreiber genau erfaßten, zeigen hier die Analysen, nämlich unterschiedlich starke Schubkraft bei kurzen Abflußschwankungen.
Die Probe 3 des RE T 1 zeigt auch das gemessene höchste Gewicht der TS des Sedimentes 2,73 g.
Der GV von 1o % weist auf den hohen Sandgehalt der Probe.

RE T 7 b Einen ebenso hohen TS-Gehalt besitzt die Probe 2 des gen. Regens mit 2,74 g/l. Hier zeigt der GV von 4,1 % fast reinen Sand an, ähnlich die Probe 1 dieses Regens mit 1,94 g/l bei 2,9 % GV.

Beispiel für Anstieg des GV mit der Abflußzeit:
RE M 29, T 3, T 5 b, T 8.
Wie der Vergleich mit den Messungen an anderen Stellen zeigt (s. Tabelle 8), liegen die in Aachen gefundenen Mittelwerte der TS von 186 mg/l und des GV von 3o % in der gleichen Höhe wie in anderen Orten. Bei Abwasser und bei verschmutztem Regenwasser ist der Wert der TS der AS fast das gleiche wie der Gehalt an ungelösten Stoffen, sofern letztere nicht allzu niedrig sind, etwa über 2o mg/l. Die ungelösten Stoffe erfassen auch die Schwebestoffe mit und sind dadurch schätzungsweise 1o - 2o mg/l höher als die TS der AS. Nur der volumetrische Wert der absetzbaren Stoffe liegt, wie oben bereits ausgeführt, viel höher als in München. Bei ausländischen Untersuchungen wurden bisher nicht volumetrische Schlammessungen durchgeführt.

5.1.1.2 Tendenzen bei den verschiedenen Regentypen

Bei dem umfangreichen Zahlenmaterial war eine statistische Auswertung mittels Rechner angebracht. Dazu stand ein Tischrechner TI-59 von Texas Instruments zur Verfügung. Nach der Geräteanleitung (51) wurde das Programm der "Gleitenden Durchschnitte"gewählt und grafisch dargestellt. Dieses Programm berechnet den gleitenden Durchschnitt von n neuesten Werten in einer Folge von Variablen nach der Formel

$$\frac{1}{n} \; (m_{k} + m_{k+1} + \ldots\ldots \; m_{k+n-1})$$

Als n wurde 5 gewählt, das ist die Zahl der Einzelwerte m, die zu jeweils einem gleitenden Durchschnitt herangezogen wurden.
k = 1, 2, ...
Alle errechneten gleitenden Durchschnitte wurden jeweils in fünf-Minuten-Zeiträumen gemittelt und in Abhängigkeit von der Zeit (in Minuten) nach Abflußbeginn grafisch dargestellt, falls nach 1 - 2 Stunden weniger Einzelwerte vorlagen, auch in zehn-Minuten-Schritten.
Bei den verschiedenen Regentypen zeigen sich folgende Tendenzen.

Tabelle 8

Mittelwerte der Verschmutzung von Regenwasser von Trennkanalisationen nach der Literatur

Ort	Jahr	Lit.	Ungel. Stoffe mg/l	Sedimente AS ml/l	Sedimente TS mg/l	GV %	BSB_5 mg/l	CSB mg/l
Oxhey, England	1953/54	(38)	194			27,o	7	-
Wien, Österreich	1961	(6)						
Cincinnati, USA	1962/64	(39,40)	227			25,1	17	111
Ann Arbor, USA	1965	(41,42)	2o8o			1o,5	28	-
Tulsa, USA [1]	1968/69	(43)	235			31	12	90
Washington, USA	1969	(44,45)	1697			8,5	19	335
Durham, USA	1969/71	(46)					15	179
Stockholm/Schweden [2]	1969/71	(47-49)	131			43	11	-
Pullach/Deutschland	1972/73	(2)	158	0,38		33	11,4	-
Aachen	1973/74			1,3	186	30	12,9	32

1) ohne Gebiete Flugplatz und Industrie

2) ohne Hauptverkehrsstraße

5.1.1.2.1 Leichter Regen nach Trockenwetter, lR/T

Die gleitenden Durchschnitte zeigen keine ausgeprägte Tendenz. Bei diesem relativ seltenen Regentyp waren nur 21 Werte der Sedimente vorhanden (s. Abbildung 7). Immerhin wird deutlich, daß auch nach ein bis zwei Stunden ziemlich hohe Gehalte an absetzbaren Stoffen vorkommen können.
Einerseits hatte sich bei Trockenwetter einiger abschwemmbarer Schmutz auf den Straßen angesammelt, andererseits schaffte der schwache Abfluß nach Leichtregen keinen wesentlichen Spüleffekt. Zum Vergleich wird auf die Abbildung 1o,lR/R, und das Kapitel 5.1.1.2.4 hingewiesen.

5.1.1.2.2 Mäßiger Regen nach Trockenwetter, mR/T

Die gleitenden Durchschnitte zeigen bei 136 Einzelwerten eine klare Tendenz (s. Abbildung 8). Der durchschnittliche Gehalt an absetzbaren Stoffen sinkt von etwa 1,8 ml/l bei 5 Minuten auf etwa o,6 ml/l nach 12o Minuten. Die Standardabweichung ist als Hüllkurve in die Abbildung 8 eingezeichnet. Die untere Grenze liegt durchweg bei 0, d.h., es können auch kurz nach Abflußbeginn Werte der AS von 0 ml/l vorkommen.

5.1.1.2.3 Starker Regen nach Trockenwetter, sR/T

Zu diesem Regentyp wurden auch die Messungen von Regenschauer nach Trockenwetter, RS/T, zugeschlagen, da kein Tendenzunterschied gefunden wurde (s. Abbildung 9).
Die Tendenz des zeitlichen Verlaufes der Sedimente ist ähnlich demjenigen bei dem Regentyp mR/T. In den ersten Minuten nach Abflußbeginn können auch höhere Werte der AS vorkommen, wie sowohl Durchschnittswerte wie Hüllkurve zeigen, bedingt durch den starken Spüleffekt eines Starkregens.
Auch nach zwei Stunden kommen häufig Werte um 1 ml/l vor. Die Werte schwanken in der Tendenz mehr als nach mäßigem Regen. Denn Starkregen und besonders Regenschauer wechseln oft die Intensität, was sich in schubweiser Zerteilung des Spüleffektes bemerkbar macht.

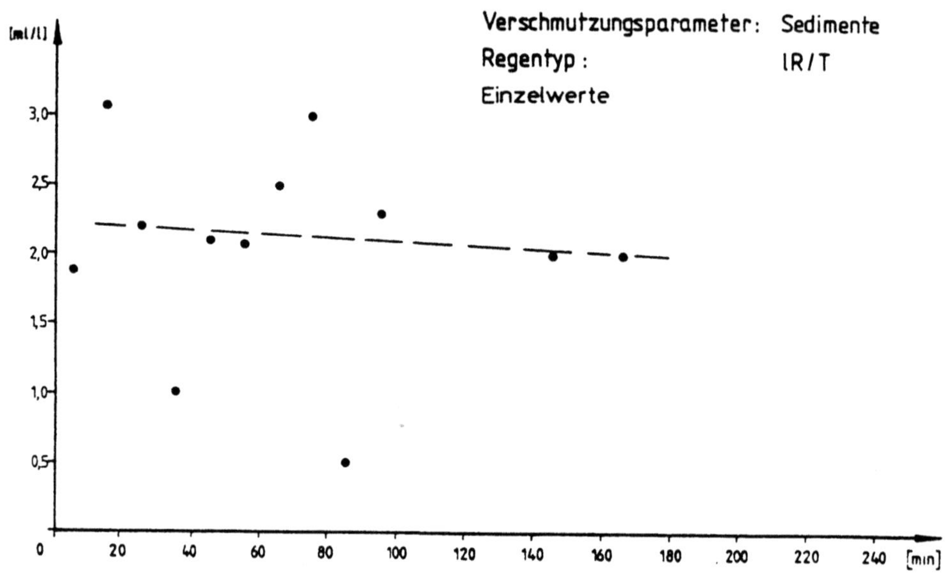

Abbildung 7 Sedimente bei leichtem Regen nach Trockenwetter in Abhängigkeit von der Zeit nach Abfluß

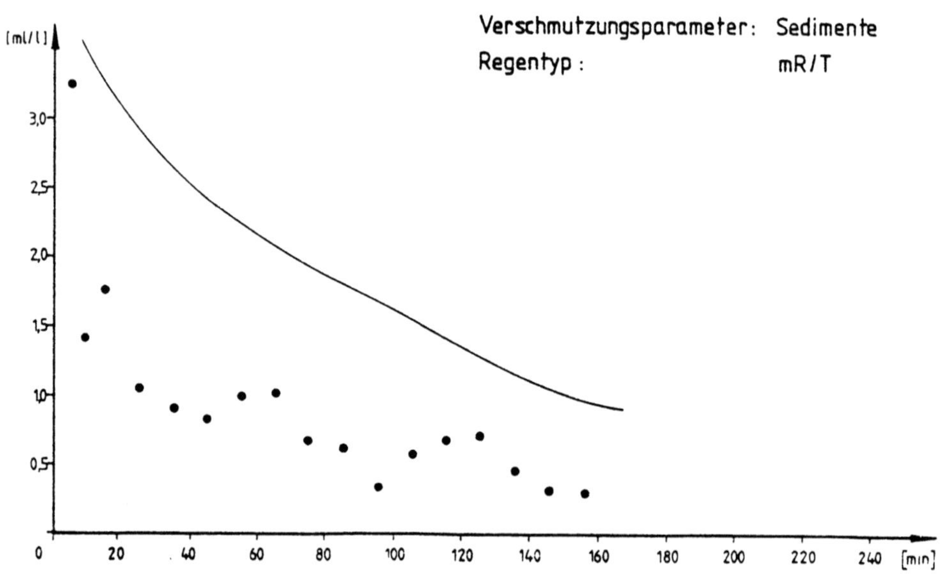

Abbildung 8 Sedimente bei mäßigem Regen nach Trockenwetter in Abhängigkeit von der Zeit nach Abflußbeginn. Gleitende Mittelwerte mit Hüllkurve für die Standardabweichung. Die untere Hüllkurve liegt auf der X-Achse

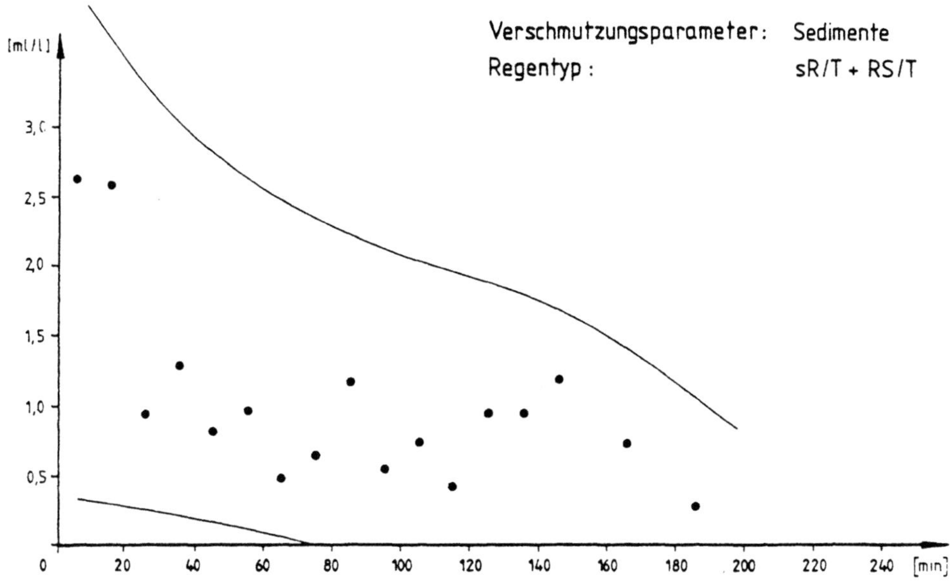

Abbildung 9 Sedimente bei starkem Regen sowie Regenschauer nach Trockenwetter in Abhängigkeit von der Zeit nach Abflußbeginn. Gleitende Durchschnitte mit Hüllkurven für die Standardabweichung

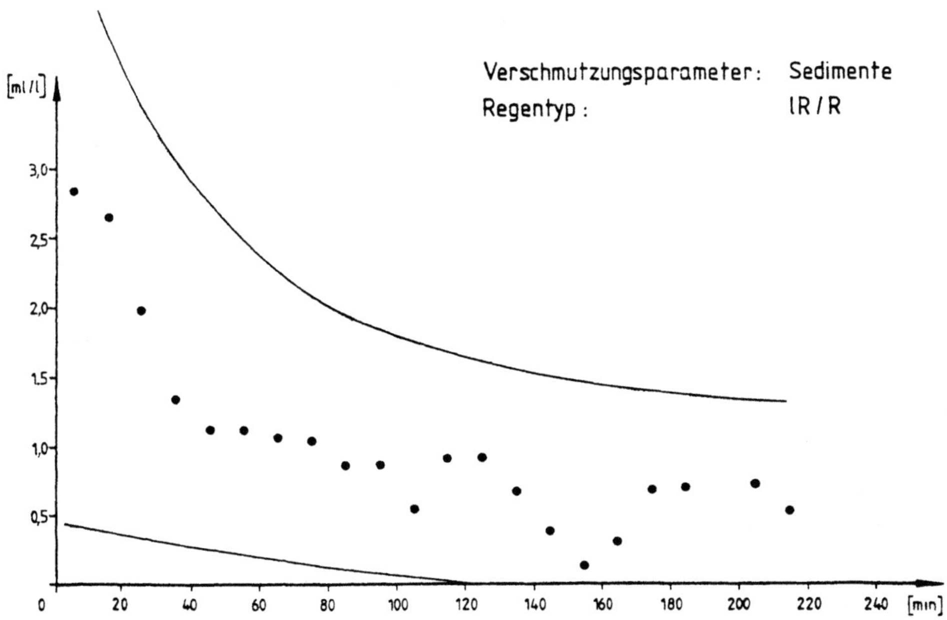

Abbildung 1o Sedimente bei leichtem Regen nach Regen in Abhängigkeit von der Zeit nach Abflußbeginn. Gleitende Durchschnitte mit Hüllkurve für Standardabweichung

5.1.1.2.4 Leichter Regen nach Regen, lR/R

Hier ist die Tendenz deutlich zu erkennen (s. Abbildung 1o). Anfangs hoher Sedimentgehalt von etwa 2,7 ml sinkt schnell auf niedrige Werte, da die Straßen bedingt durch Vorregen recht wenig mit absetzbaren Stoffen verschmutzt waren. Wie beim Regentyp lR/T können auch nach zwei Stunden noch recht hohe Werte auftreten.

5.1.1.2.5 Mäßiger Regen nach Regen, mR/R

Dieser in Aachen häufigster Regentyp zeigt eine schwacn abnehmende Tendenz bei den Sedimenten mit der Abflußzeit (s. Abbildung 11).
Es kommen anfangs weniger hohe Werte vor als bei mR/T (s. Abbildung 8), wie besonders die obere Hüllkurve zeigt, die den Verlauf der Standardabweichung angibt.

5.1.1.2.6 Starker Regen nach Regen, sR/R

Da sich kein Tendenzunterschied zeigte, wurden die Messungen der beiden Regentypen sR/R und RS/R zusammengezogen, die im gleichen Intensitätsbereich des Regenfalles liegen (s. Abbildung 3). Die gleitenden Durchschnitte streuen sehr aus den gleichen Gründen, wie unter Ziffer 5.1.1.2.3 gesagt. Die Durchschnitte scheinen gleich oder höher zu liegen als bei sR/T. Das liegt möglicherweise daran, daß die Vorregen vor Starkregen meistens nur mäßige Regen waren, die die Straßen und Kanäle nicht genügend freispülten.

5.1.1.2.7 Zusammenfassung der Tendenzen des zeitlichen Verlaufes der Sedimente

Es ist nicht nachzuweisen, daß der Sedimentgehalt des abfließenden Regenwassers nach Trockenwetter im Durchschnitt höher liegt als nach Vorregen.
Im Durchschnitt nimmt der Sedimentgehalt bei fast allen Regentypen mit der Abflußzeit ab, nur nicht deutlich bei leichtem Regen nach Trockenwetter.
Auch Stunden nach Regen- und Abflußbeginn treten oft noch relativ hohe Sedimentgehalte um 1 ml/l auf.

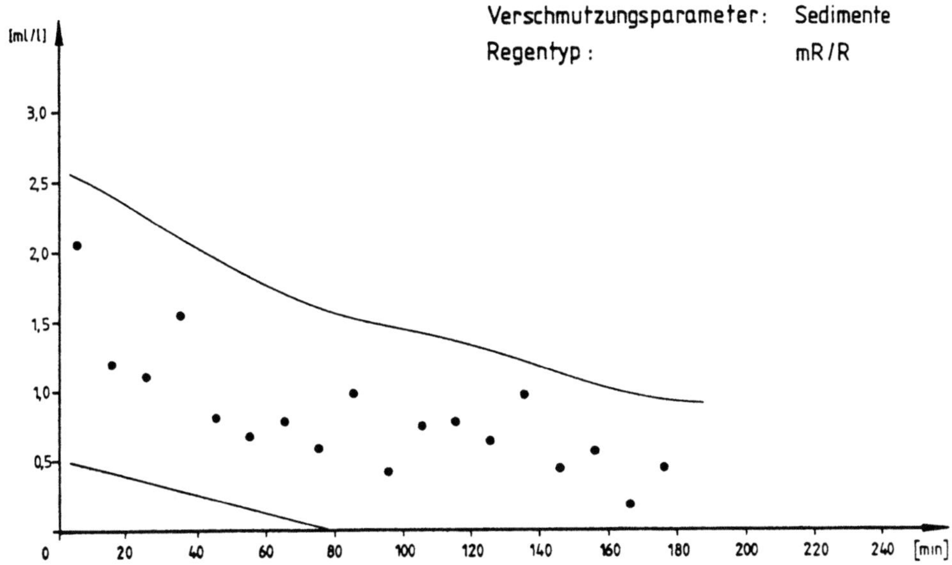

Abbildung 11 Sedimente bei mäßigem Regen nach Regen in Abhängigkeit von der Zeit nach Abflußbeginn. Gleitende Durchschnitte mit Hüllkurven für die Standardabweichung

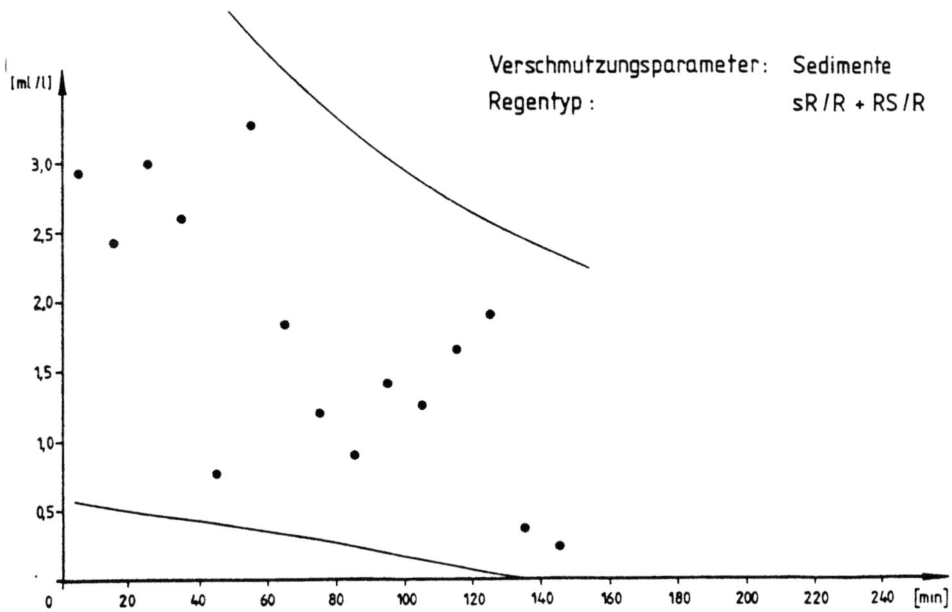

Abbildung 12 Sedimente bei starkem Regen oder Regenschauer nach Regen in Abhängigkeit von der Zeit nach Abflußbeginn. Gleitende Durchschnitte mit Hüllkurven für die Standardabweichung

5.1.2 Leitfähigkeit

Die elektrische Leitfähigkeit eines Wassers ist ein Maß für den Gehalt an gelösten, dissoziierten Salzen im Wasser. Die im Abwasser und auch im abfließenden Regenwasser vorherrschenden Ionen sind Natrium-Ion und Chlorid. 1oo mg aCl/l haben bei 18° C eine spezifische Leitfähigkeit von rd. 193 μS/cm (5o). In dieser Größenordnung liegt somit der durchschnittliche Gesamtsalzgehalt der Proben im Meßgebiet Muffet, während er im Meßgebiet Tivoli im Durchschnitt fast dreimal so hoch liegt. Bei niedrigen Leitfähigkeiten macht die gelöste Kohlensäure des Wassers einen wesentlichen Anteil aus, so auch beim originären Regenwasser. Dadurch wird außerdem der pH-Wert erniedrigt.
Die Leitfähigkeit im abfließenden Regenwasser wird durch den Anteil an Fremdwasser im Kanal in die Höhe getrieben, da dieses normalerweise Grundwasser ist, was durch Drainagen beabsichtigt oder durch Undichtigkeiten unbeabsichtigt in die Kanalisation eindringt.
Eine Analyse von Grundwasser und aus Drainagerohren im Gebiet Tivoli entnommenen Proben sind in der Tabelle 9 aufgeführt:

Tabelle 9

Grundwasser und Drainagewasser in Aachen							
	Datum	Probe Nr.	Leitf /cm	pH	GH °dH	Cl^- mg/l	NO_3^- mg N/l
Grundwasser Innenstadt	18.1o.76	93o	97o	7,o	24,3	62	1,14
Grundwasser Tivoli	14. 5.73	525	87o	7,45	31		
Drainage Tivoli	18. 5.73	546	645	9,3o			
Drainage Tivoli	9.1o.78	39o7	826	9,oo	16,9		
Serie T 4 d	19. 1.74	199 f	198o	8,42			
Serie T 11	11. 2.74	33o f	642	8,3o			12,o
Serie T 34	1o. 6.74	893 f	727	8,21			3,7

Einige der untersuchten Probeserien waren offensichtlich aus einem schwachen Fremdwasserstrom entnommen, und zwar an der Meßstelle Tivoli die Nummern T 4 d, T 11 und T 34.

Da bei diesen Proben der Gehalt an organischen Stoffen gering war, konnte man dieses Fremdwasser dem Grund- und Drainagewasser zuordnen. Die Leitfähigkeit dieser Proben lag bei zwei der drei Serien um 7oo μS/cm in gleicher Höhe wie die Leitfähigkeit von Grund- und Drainagewasser aus dem Gebiet Tivoli (s. Tabelle 9).

Das im Kanal abfließende Regenwasser ist mit derartigem Fremdwasser vermischt. Nach schwachem Regen und schwachem Abfluß ist die Leitfähigkeit der Mischung folglich höher als nach starkem Regen bei starkem Abfluß. Nach sehr starkem Regen und einige Zeit nach Abflußbeginn ist in vielen Fällen die Leitfähigkeit des im Kanal abfließenden Wassers ähnlich niedrig wie die Leitfähigkeit originären Regenwassers (s. Tabelle 7), besonders dann, wenn bereits Regenfälle vorausgegangen sind. Beispiele die RE M 7, 9, 15, 2o, 22, 24 a, 53, 64, 71, 87, 89, 95, T 15, 17.

Nach der Leitfähigkeit zu urteilen, ist der Anteil an Grund- und Drainagewasser im Gebiet Tivoli viel größer als im Gebiet Muffet. So schlägt oft am Ende einer Probeserie, wenn der Abfluß nach einem Starkregen wieder abklingt, die hohe Leitfähigkeit des Grundwassers wieder durch.

Beispiele die RE T 9, 24, 4o.

5.1.3 pH-Wert

Grundsätzlich sollte das abfließende Regenwasser nahezu neutral sein. Durch Aufnahme von CO_2 aus der Luft kann originäres Regenwasser schwach sauer sein, wie die Probe R 3 b mit pH = 6,6, die Probe R 7 a mit 6,o9, die Probe 7 b mit 5,77, die Probe R 8 mit 6,18 und die Probe R 9 mit einem pH von 4,91 zeigen. Da Regenwasser kaum härtebildende Ionen Ca^{2+} und Mg^{2+} enthält, ist der pH nicht gepuffert. Durch Fließen über Straßen und im Kanal ändert sich der pH sehr schnell. Entsprechend der Vermischung mit hartem Grundwasser gleicht es sich im pH diesem an. So schlägt selbst in den oben als Beispiele aufgeführten Fällen, bei denen nach der Leitfähigkeit (und ebenso nach dem CSB) fast reines Regenwasser durch den Kanal abfließt, so gut wie nie der saure pH des originären Regenwassers durch, höchstens bei den Serien M 84 und M 89.

Wenn der pH des abfließenden Regenwassers schwach sauer ist, so muß das andere Ursachen haben.
Es wurden pH-Werte zwischen 6,4 und 6,9 bei folgenden Serien gefunden:
Beispiele M 14, 16, 18, 19, 59, 78, 84, 86, 94, T 35, 36.
Auffallend ist, daß diese Serien in der Vegetationsperiode anfielen, die meisten von Mai bis September. Das deutet darauf hin, daß der niedrige pH durch CO_2 biogenen Ursprungs durch Verwesen von Pflanzenresten in den Rinnsteinen und im Kanal verursacht wurde.
Im Gebiet Tivoli herrscht ein schwach alkalischer pH zwischen 8 und 9 vor, sofern der Abfluß nicht groß und die Leitfähigkeit nicht niedrig ist (s. Ziffer 5.1.2). Dies deutet ebenfalls auf einen hohen Anteil an Drainagewasser hin, daß betonierte Flächen und Neubaugebiete entwässert.
In vielen Fällen, besonders im Gebiet Muffet mit einem geringeren Drainagewasseranteil als im Gebiet Tivoli, verschiebt sich im Laufe des Abflusses ein anfänglich schwach alkalischer pH durch den zunehmenden Regenanteil zum Neutralen.
Beispiele die RE M 2, 11, 23 a, 24 a, 27, 32, 35, 64, 79 und T 8.
Die meisten übrigen Probeserien haben unauffällige neutrale pH-Werte.
Stark alkalische pH-Werte, und zwar oft nur in Einzelproben einer Serie kommen im Gebiet Tivoli vor:
Beispiele die RE 1, 3, 9, 15, 24, 28, 39, 4o.
Sogar gelegentlich trotz stärkerer Abflüsse oder immerhin am Ende des Abflusses treten pH-Werte von 1o,7 (RE T 1), pH = 1o,35 (RE/T 15), pH = 11,84 (RE T 24 nach sehr starkem Regen) und pH = 11,7 (RE T 39) auf.
Diese hohen pH-Werte lassen sich nicht mehr biologisch, sondern nur noch chemisch erklären. Gelegentlich findet man in frisch unter betonierten Kellern verlegten Drainagen durch Auslaugung von frischen Kalks aus Beton stark alkalische pH-Werte.
Beispiel die vom Labor des ISWW untersuchten Drainagewässer von Neubauten:
Probe 518 vom 12.5.73 pH = 12,8.

Eine andere Ursache könnte sein, daß in einem oder mehreren Fällen im Gebiet Tivoli eine Haushaltwaschmaschine in den Regenwasserkanal entwässert.
Daraufhin deutet die Beobachtung, daß das Wasser der Proben leicht schäumte.
Die Ursache hoher pH-Werte im Regenwasserkanal Tivoli konnte nicht eindeutig geklärt werden.

5.1.4 Organische Verschmutzung

Die Analysen auf die organische Verschmutzung (BSB_5, CSB und TOC) wurden aus den von absetzbaren Stoffen befreiten Proben durchgeführt. Die Ergebnisse sind starken Schwankungen unterworfen, wie die in Tabelle 7 angegebenen Werte der Maxima und Minima zeigen.
Der Mittelwert des BSB_5 liegt in der Höhe wie bei gut funktionierenden biologischen Kläranlagen, der CSB und der TOC sind geringer. Der im Aachener Regenwasser gefundene CSB ist viel niedriger als die von amerikanischen Autoren angegebenen Werte (s. Tabelle 8).
An dieser Stelle muß vom Standpunkt der Analytik angemerkt werden, daß die Analysenmethode des CSB in den letzten 2o Jahren oft geändert und verbessert wurde. Zahlenmaterial aus verschiedenen Ländern und aus verschiedenen Jahrzehnten sollte man nur mit Vorsicht vergleichen. Die CSB-Methode, die vom Abwasserlabor des ISWW 1973/74 angewendet wurde, kann im Durchschnitt mit einem empirischen Faktor von 1,1 versehen auf die inzwischen verbesserte, genaue CSB-Methode umgerechnet werden, wie sie als neues deutsches Einheitsverfahren vorgeschlagen wird (25) und wie sie im Prinzip 1978 vom Abwasserlabor des ISWW praktiziert wird.
Andererseits erscheinen CSB-Werte von 335 mg/l bei der Untersuchung von Regenwasser in Washington 1969 (s. Tabelle 8) völlig unverständlich, wenn nur ein mittlerer BSB_5 von 19 gemessen wurde. Das ist ein CSB/BSB_5-Verhältnis von 17,6.
Im Ablauf gut funktionierender biologischer Kläranlagen können Verhältnisse von 8 vorkommen, falls der BSB_5 sehr niedrig liegt. Dies wird durch das Vorherrschen von schwer oder nicht abbaubaren Reststoffen der biologischen Klärung begründet. Derartige Stoffe sind aber im abfließenden Regenwasser kaum enthalten. In vielen Fällen verursacht auch der

Chlorid-Gehalt der Proben einen zu hohen CSB, wie bei Brunner im Schneeschmelzwasser deutlich wird (52). Die organischen Stoffe im Regenwasser, die den CSB ausmachen, stammen vornehmlich von Vegetationsresten und von tierischen und menschlichen Abwasserspuren (2). Danach müßte das in Aachen abfließende Regenwasser sehr verdünntes häusliches Abwasser sein, bei dem ein CSB/BSB_5-Verhältnis von 1,5 bis 2 gemessen wird. Ein BSB_5 von 13 bedeutet in diesem Falle einen CSB von 2o - 26 mg/l. Wenn in Aachen ein mittlerer CSB von 32 mg/l gefunden wurde mit dem Faktor 1,1 auf 35 berichtigt, so sagt das aus, daß etwa ein Drittel der organischen Stoffe nicht oder schwer abbaubar sind. Die Herkunft dieser Stoffe schreibt Brunner (2) dem Abrieb von Autoreifen und den Emissionen von Kraftfahrzeugen und Feuerungsanlagen zu. Das ist plausibel.

Nach der Tabelle 8 müßten im amerikanischen Regenwasser diese nicht abbaubaren Stoffe zu 8o - 9o % vorherrschen, also nur 1o - 2o % abbaubare pflanzliche und tierische Produkte enthalten sein. Die Tendenz mag vielleicht richtig sein. Die absoluten Zahlen werden jedoch aus analytischen Gründen angezweifelt. Bei den Untersuchungen von Brunner ergibt eine derartige Rechnung immerhin etwa 25 - 35 % pflanzliche und tierische Produkte und der Rest Abrieb und Emissionen. Das ist vorstellbar.

5.1.4.1 Tendenzen bei leichtem Regen nach Trockenwetter

Bei insgesamt acht RE mit leichtem Regen nach Trockenwetter (sieben im Gebiet Muffet, eines im Gebiet Tivoli) waren zu wenig BSB_5-Werte vorhanden, um eine statistische Aussage zu treffen (s. Tabelle 1o).

Die je 16 Einzelwerte von CSB und TOC sind in den Abbildungen 13 und 14 nach der Methode der gleitenden Durchschnitte in Abhängigkeit von der Zeit nach Abflußbeginn grafisch dargestellt. Danach ist keine Abnahme der organischen Verschmutzung mit der Zeit festzustellen. Es scheint im Gegenteil eine allmähliche Zunahme des CSB und TOC zu erfolgen. Doch kann das in der angewandten statistischen Methode begründet sein, die bei 16 Einzelwerten zu wenig gesicherte Aussagen zuläßt. Jedenfalls gilt das unter Ziffer 5.1 für

Tabelle 1o

Zahl der erfaßten RE von Muffet und Tivoli, geordnet nach Regentypen			
	Muffet	Tivoli	Gesamt
lR/T	7	1	8
mR/T	22	5	27
sR/T	8	2	1o
RS/T	2	2	4
lR/R	7	11	18
mR/R	38	15	53
sR/R	5	2	7
RS/R	9	7	16
F	3	4	7
Gesamt	1o5	49	154

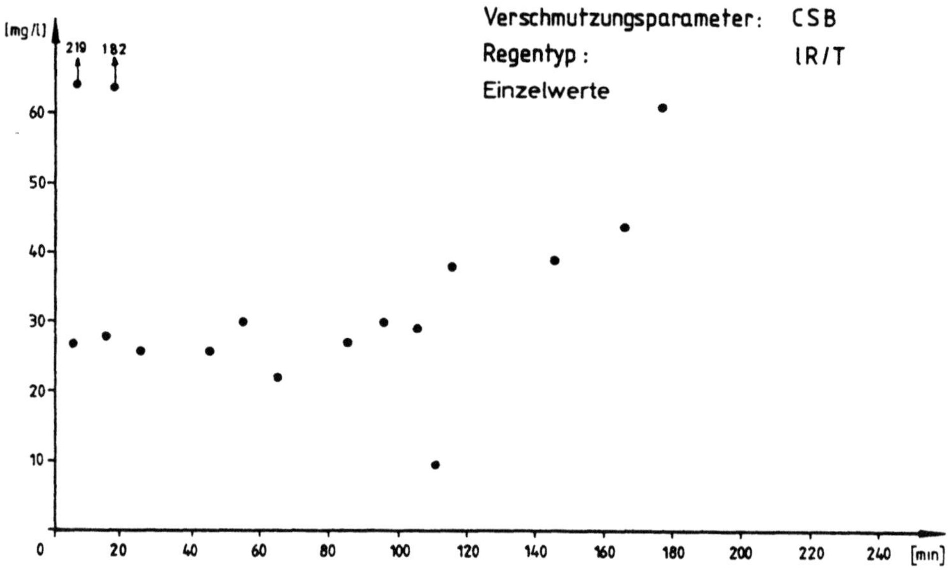

Abbildung 13 CSB bei leichtem Regen nach Trockenwetter in Abhängigkeit von der Zeit nach Abflußbeginn. Einzelwerte

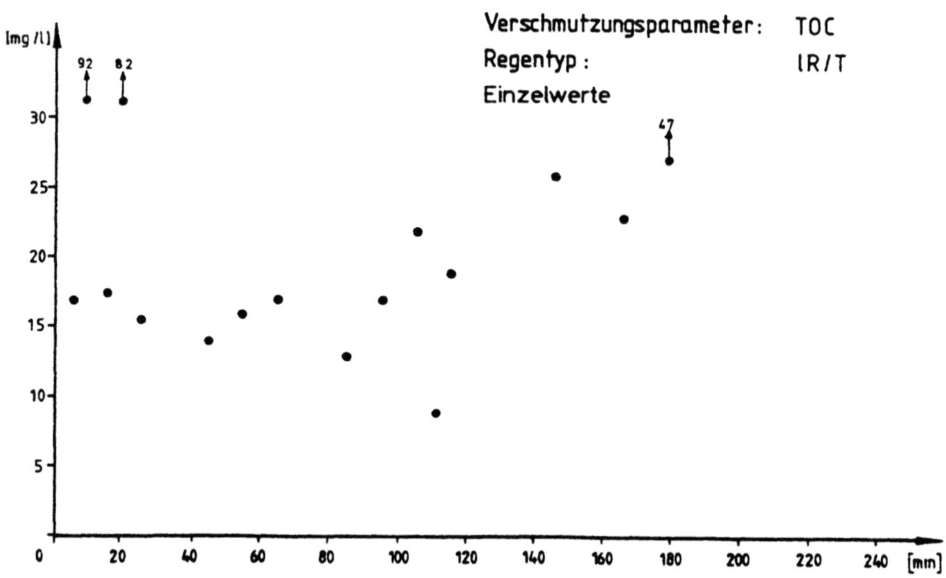

Abbildung 14 TOC bei leichtem Regen nach Trockenwetter in Abhängigkeit von der Zeit nach Abflußbeginn. Einzelwerte

leichten Regen nach Trockenheit auch hier: Es ist kein Spüleffekt von Straßen und Kanälen zu erwarten. Die geringen Mengen an gefallenem Regen nehmen die Straßenverschmutzung nur langsam in gelöster Form auf. So kann der (geringe) Abfluß zwei bis drei Stunden nach Regenbeginn durchaus gelegentlich höher verschmutzt sein als am Anfang.
Insgesamt gesehen ist die organische Verschmutzung des abfließenden Regenwassers bei leichtem Regen nach Trokkenwetter nur gering.

5.1.4.2 Tendenzen bei mäßigem Regen nach Trockenwetter

Von insgesamt 27 RE mit mäßigem Regen nach Trockenwetter lagen Analysenserien vor. Bei der Darstellung der gleitenden Durchschnitte für den BSB_5 kommt die zu Anfang höhere, dann mit der Zeit abnehmende Tendenz, wie Brunner sie als vorherrschenden Typ darstellte, deutlich heraus (s. Abbildung 15). Auch die Hüllkurven für die Standardabweichung zeigt das. Ein mittlerer BSB_5 von anfangs etwa 17 mg/l fällt nach 35 - 4o Minuten auf 6,um sich über Stunden auf etwa 7 - 8 mg/l zu halten.
Diese anfangs höhere, dann schnell abnehmende Tendenz ist auch bei den Darstellungen der Verläufe des CSB (Abbildung 16) und des TOC (Abbildung 17) zu sehen.
Der leichte Wiederanstieg von CSB und TOC nach zwei Stunden ist auffallend.

5.1.4.3 Tendenzen bei starkem Regen nach Trockenwetter

Auch hier wurden die beiden Regentypen starker Regen und Regenschauer zu einer Gruppe zusammengefaßt, da sie der Regenintensität nach zusammengehören (s. Abbildung 3) und da somit wenigstens 14 auswertbare RE vorlagen.
Beim BSB_5 ist ein schneller Abfall von anfangs hohen Werten (um 35 mg/l) nach 6o Minuten auf etwa 1o mg/l zu sehen (s. Abbildung 18). Die Hüllkurven für die Standardabweichung bestätigen diese Tendenz. Auch ist ein leichter Wiederanstieg etwa zwei Stunden nach Abflußbeginn zu sehen, der nach drei Stunden wieder zurückgeht.
Sowohl CSB wie TOC bestätigen die beim BSB_5 gefundene Ten-

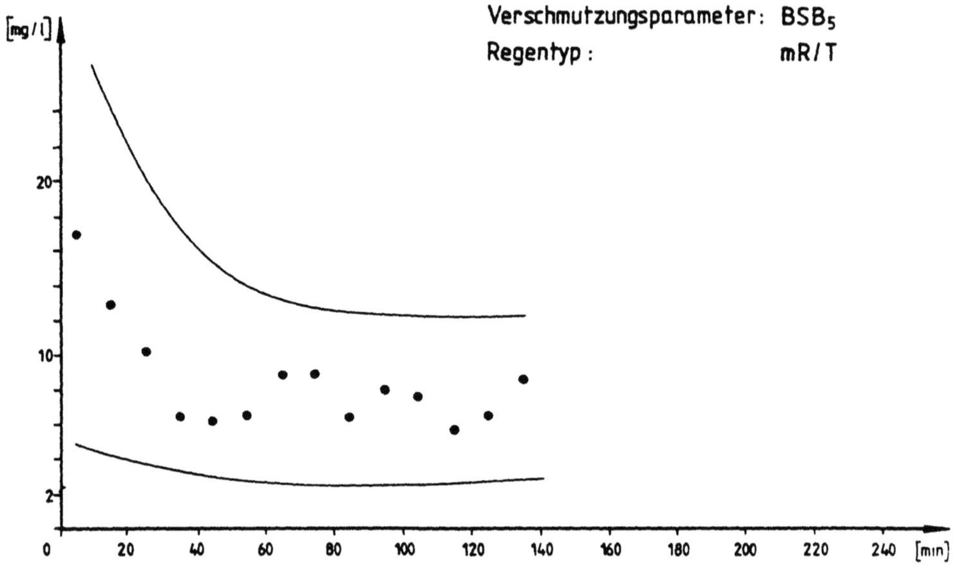

Abbildung 15 BSB_5 bei mäßigem Regen nach Trockenwetter in Abhängigkeit von der Zeit nach Abflußbeginn. Gleitende Durchschnitte mit Hüllkurven für die Standardabweichung

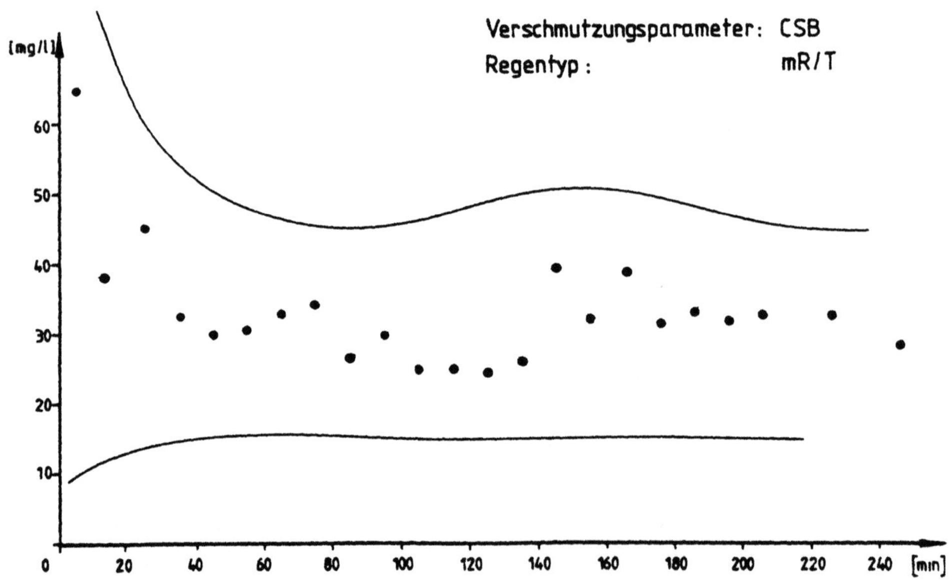

Abbildung 16 BSB_5 bei mäßigem Regen nach Trockenwetter in Abhängigkeit von der Zeit nach Abflußbeginn. Gleitende Durchschnitte mit Hüllkurven für die Standardabweichung

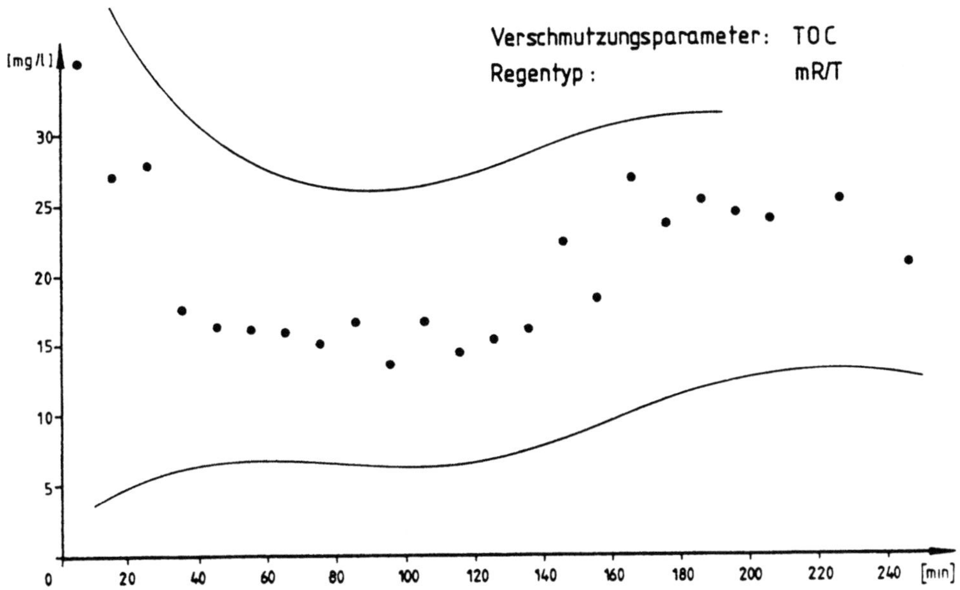

Abb. 17 TOC bei mäßigem Regen nach Trockenwetter in Abhänggigkeit von der Zeit nach Abflußbeginn. Gleitende Durchschnitte mit Hüllkurven für die Standardabweichung

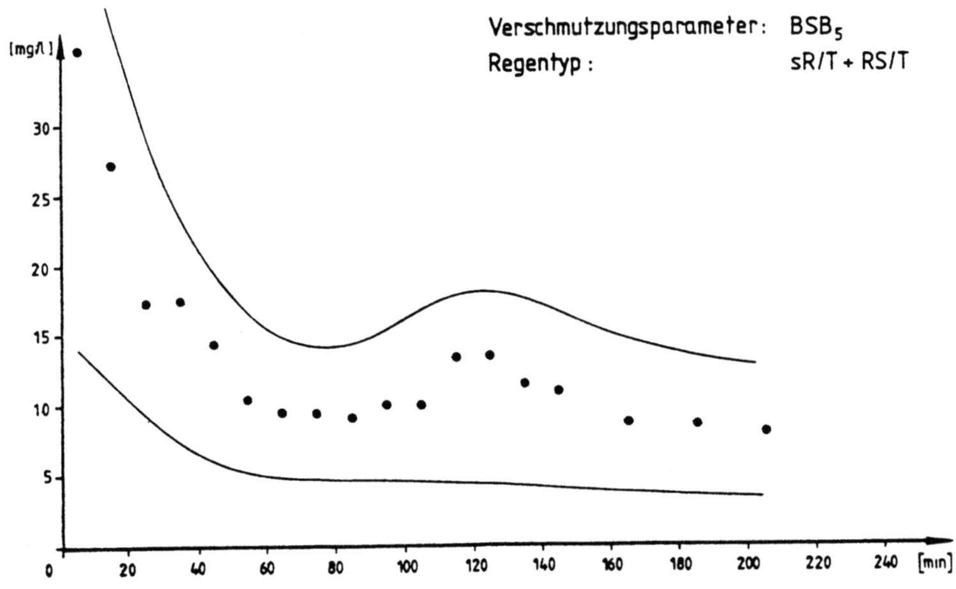

Abb. 18 BSB_5 bei starkem Regen oder Regenschauer nach Trockenwetter in Abhängigkeit von der Zeit nach Abflußbeginn. Gleitende Durchschnitte mit Hüllkurven für die Standardabweichung

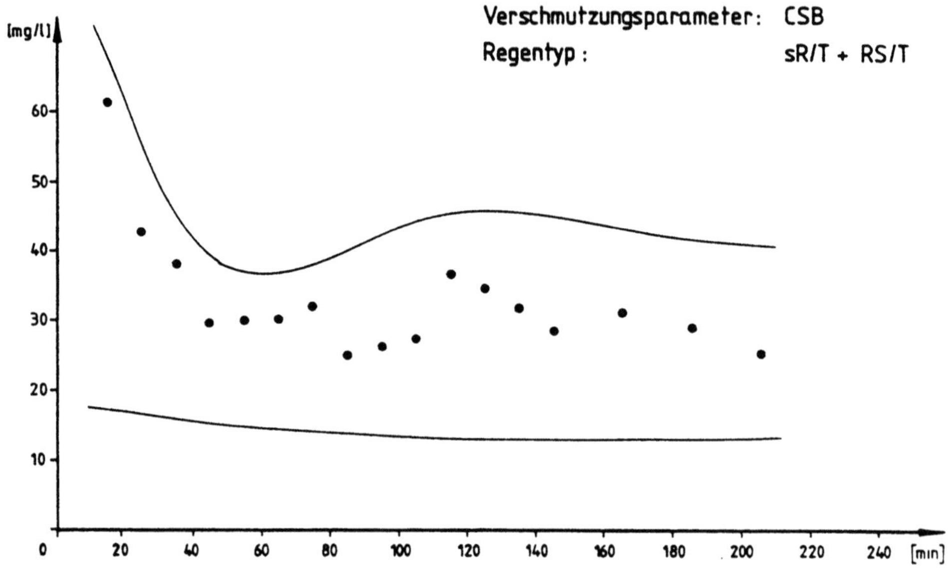

Abb. 19 CSB bei starkem Regen oder Regenschauer nach Trockenwetter in Abhängigkeit von der Zeit nach Abflußbeginn. Gleitende Durchschnitte mit Hüllkurven für die Standardabweichung

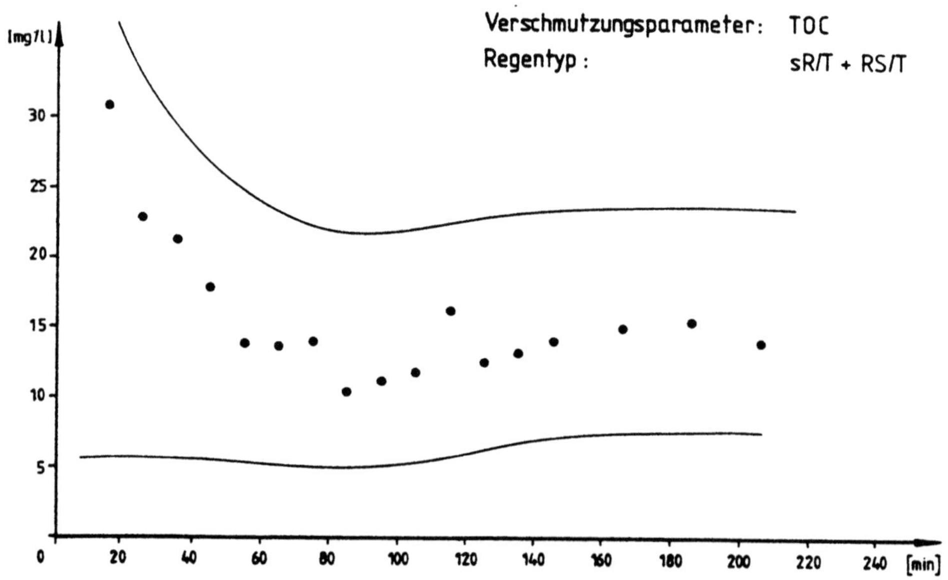

Abb. 2o TOC bei starkem Regen oder Regenschauer nach Trockenwetter in Abhängigkeit von der Zeit nach Abflußbeginn. Gleitende Durchschnitte mit Hüllkurven für die Standardabweichung

denz, jedoch abgeschwächt (s. Abbildungen 19 und 2o).
Dieser Regentyp sR/T bestätigt am besten die von Brunner gefundene Tendenz (2).
Über den Spüleffekt nach Starkregen s. Ziffer 5.1.4.6.

5.1.4.4 Tendenzen bei leichtem Regen nach Regen

Diesem Regentyp wurden insgesamt 18 RE zugerechnet (Tab. 1o).
Für den BSB waren zu wenig Werte vorhanden, so eine grafische Darstellung nicht notwendig war. Die Mittelwerte des Abflusses blieben 6o Minuten lang um 6 mg/l ohne Tendenz.
Für den CSB lagen 68 Ergebnisse vor, die sich als gleitender Durchschnitt in eine leicht geneigte Gerade ordnen (s. Abbildung 21), die von anfangs etwa 35 mg/l auf 15 mg/l nach drei Stunden sinkt. Die Mittelwerte der 69 TOC-Messungen bestätigen die CSB-Gerade. Bei leichten Regenfällen nach Vorregen ist demnach keine hohe Anfangsverschmutzung zu erwarten und allgemein unterdurchschnittliche Verschmutzungswerte, bezogen auf BSB_5, CSB und TOC (s. Abb. 22).

5.1.4.5 Tendenzen bei mäßigem Regen nach Regen

Diesem Regentyp sind 53 RE zuzuordnen, das sind 36 % aller in den Gebieten Muffet und Tivoli erfaßten RE (s. Tabelle 1o).
Aus der Darstellung der gleitenden Durchschnitte des BSB_5 kann anfangs ein etwas höherer BSB_5 von 18 mg/l herausgelesen werden. Doch bleibt der BSB_5 von 15 Minuten an bis zum Ende der Messungen nach zweieinhalb Stunden auf gleicher Höhe von 12 $\pm$ 2 mg/l (s. Abbildung 23).
Für diesen häufigsten Regentyp gilt demnach nicht die Brunnersche Hauptaussage, daß eine hohe Anfangsverschmutzung nach einer Zeitfunktion abklingt, oder nur in ganz geringem Maße.
Ebenso wenig gilt das für die Tendenz des CSB (Abbildung 24) und des TOC (Abbildung 25). Am ehesten könnte man eine Abnahme gerade für den CSB von 35 auf 28 mg/l in drei Stunden und für den TOC von 2o auf 14 mg/l im gleichen Zeitraum herauslesen. Die Hüllkurven zeigen eine größere Streuung als beim BSB_5.

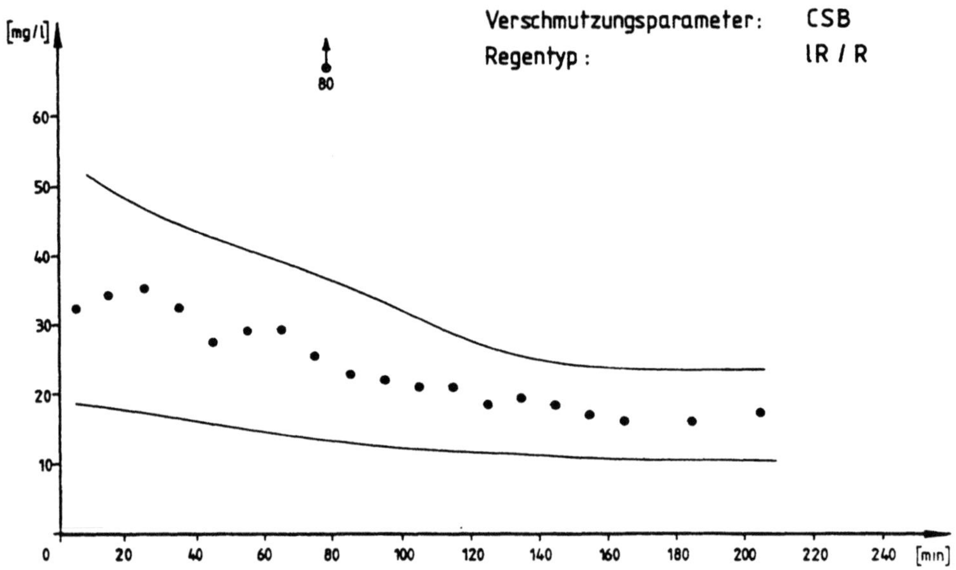

Abb. 21 CSB bei leichtem Regen nach Regen in Abhängigkeit von der Zeit nach Abflußbeginn. Gleitende Durchschnitte mit Hüllkurven für die Standardabweichung.

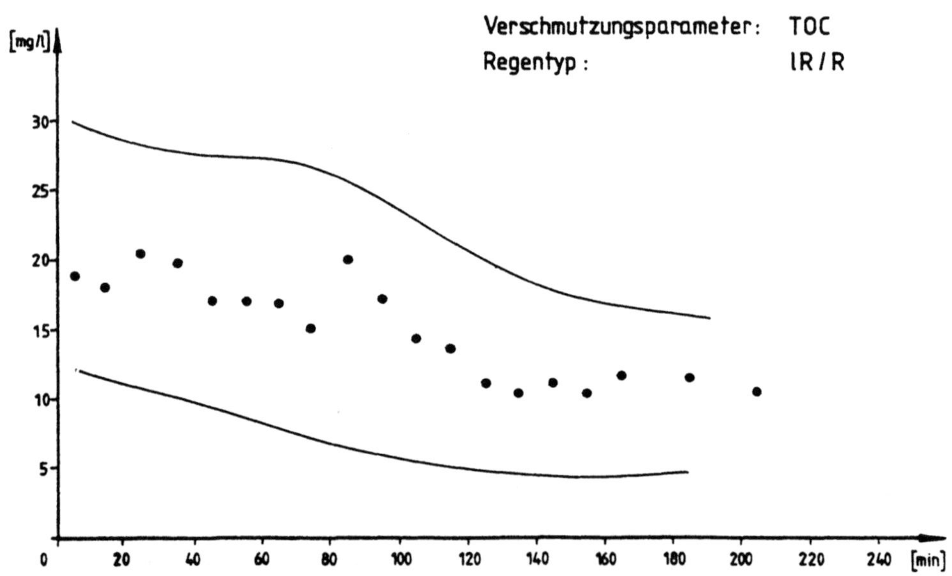

Abb. 22 TOC bei leichtem Regen nach Regen in Abhängigkeit von der Zeit nach Abflußbeginn. Gleitende Durchschnitte mit Hüllkurven für die Standardabweichung.

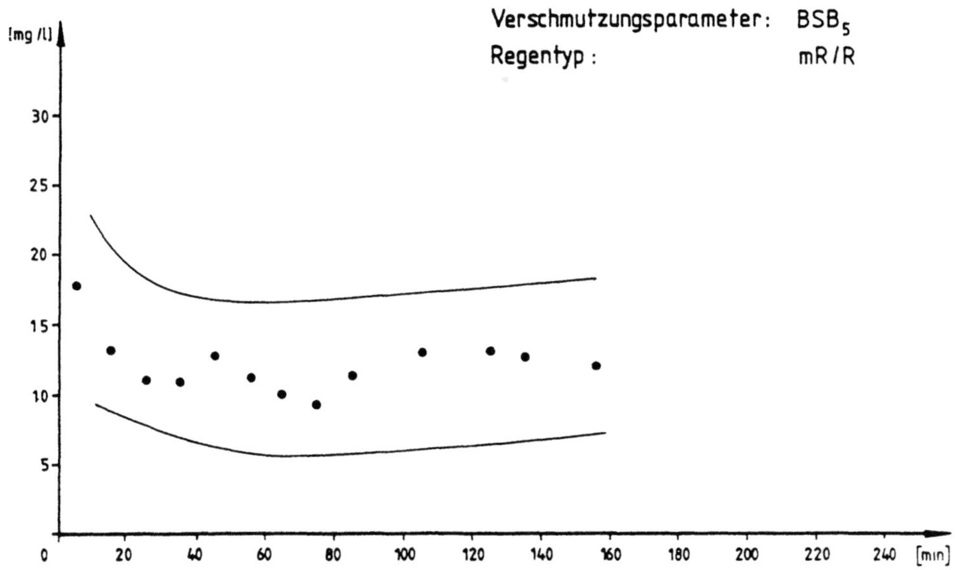

Abb. 23 BSB_5 bei mäßigem Regen nach Regen in Abhängigkeit von der Zeit nach Abflußbeginn. Gleitende Durchschnitte mit Hüllkurven für die Standardabweichung

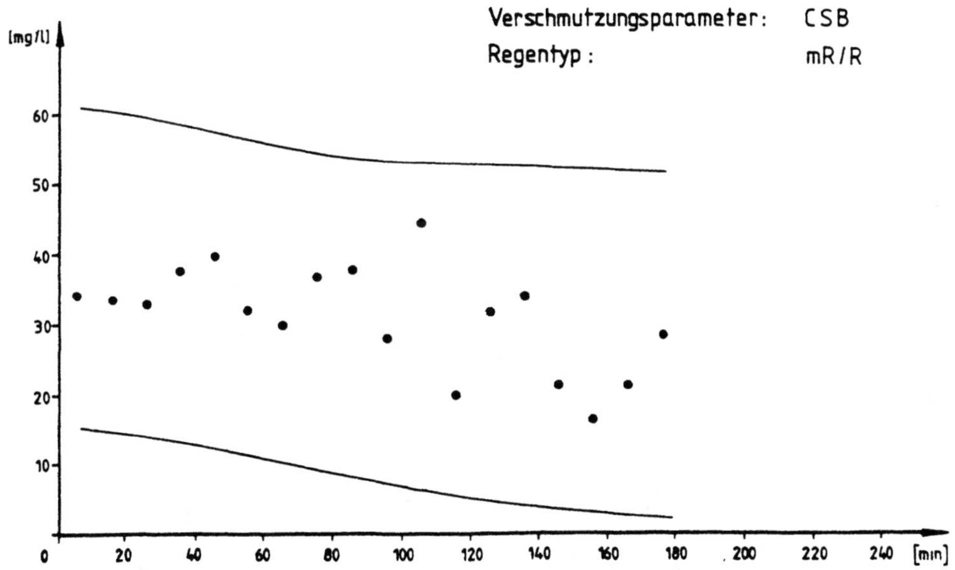

Abb. 24 CSB bei mäßigem Regen nach Regen in Abhängigkeit von der Zeit nach Abflußbeginn. Gleitende Durchschnitte mit Hüllkurven für die Standardabweichung

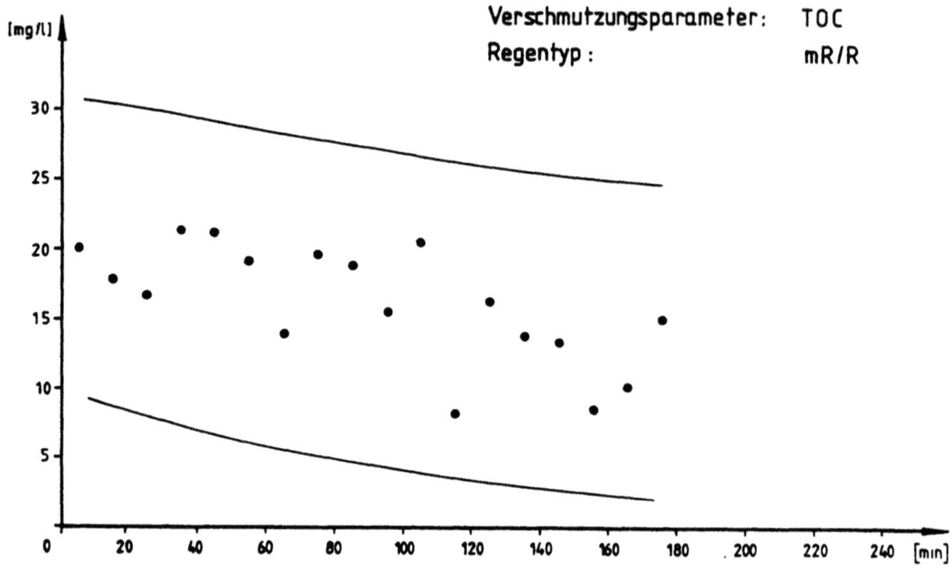

Abb. 25 TOC bei mäßigem Regen nach Regen in Abhängigkeit von der Zeit nach Abflußbeginn. Gleitende Durchschnitte mit Hüllkurven für die Standardabweichung

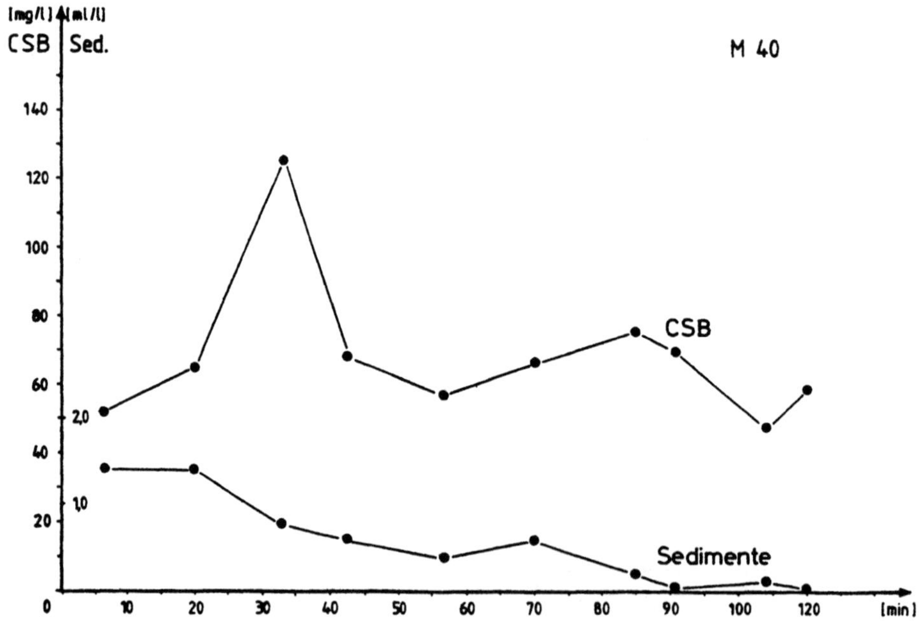

Abb. 26 CSB und Sedimente, zeitlicher Verlauf bei RE M 4o einem mäßigen Regen nach Regen

Wie im einzelnen der Verlauf des CSB bei einem typischen mäßigen Regen innerhalb einer Regenperiode aussieht, zeigt die Abbildung 26. Der CSB hält sich vom Beginn des Abflusses an zwei Stunden lang etwa zwischen 5o und 7o mg/l. Doch bei 35 Minuten tritt kurzfristig ein hoher Wert von 124 mg/l auf. Derartige Ausreißer wurden auch in anderen Serien beobachtet. Doch ist die allgemeine Tendenz zwar schwankend, jedoch insgesamt ohne Abnahme.
Ein Beispiel des Verlaufs des CSB (s. Abbildung 26) wird im nächsten Kapitel besprochen (Ziffer 5.1.4.6).

5.1.4.6 Tendenzen bei starkem Regen nach Regen

Den 7 RE von sR/R wurden aus den o.g. Gründen ähnlicher Regenintensität und größerer statistischer Sicherheit die 16 RE von Regenschauern nach Regen (RS/R)zugeordnet. Dadurch kann sich die Tendenzaussage beim BSB_5 auf die gleitenden Durchschnitte von 27 Einzelwerten stützen (Abbildung 28), beim CSB auf 116 (Abbildung 29) und beim TOC auf 1o9 (Abbildung 3o).
Wie ein Vergleich mit den entsprechenden Darstellungen bei sR/T zeigt[+], ist bei sR/R kein exponentieller Abfall mit der Abflußzeit zu bemerken, jedoch immerhin beim BSB_5 ein schematisch linearer Abfall, im Gegensatz zu dem horizontalen Verlauf der BSB_5-Grafik des Regentyps mR/R (Abbildung 23). Starke Regenfälle nach Vorregen bringen anfangs keine besondere Schmutzwelle, üben jedoch einen so guten Spüleffekt auf Straße und Kanal aus, daß der BSB_5 des abfließenden Regenwassers zwei bis drei Stunden nach Abflußbeginn im Durchschnitt auf 5-6 mg/l sinkt. Die Tendenzen beim CSB (Abbildung 29) und TOC (Abbildung 3o) sind zwar, schematisch gesehen, nicht linear, doch ist auch hier der Abfall nur schwach, die Anfangsverschmutzung nicht besonders hoch und die Endverschmutzung niedrig, von zwei Stunden ab gleichbleibend etwa 18 mg/l CSB und 9 mg/l TOC.
Dies entspricht ungefähr der mittleren Verschmutzung des originären Regenwassers, dessen durchschnittlicher CSB und TOC-Wert in die Abbildungen 29 und 3o als gestrichelte

+) s. die Abbildungen 18 - 20

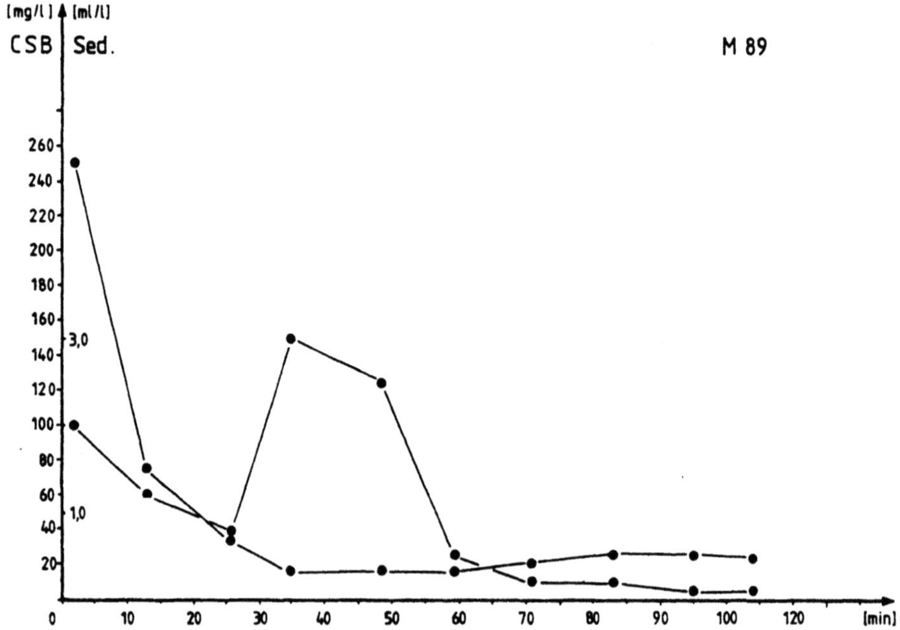

Abb. 27 CSB und Sedimente, zeitlicher Verlauf bei RE M 89, einem starken Regen nach 3-5 Tagen Trockenwetter

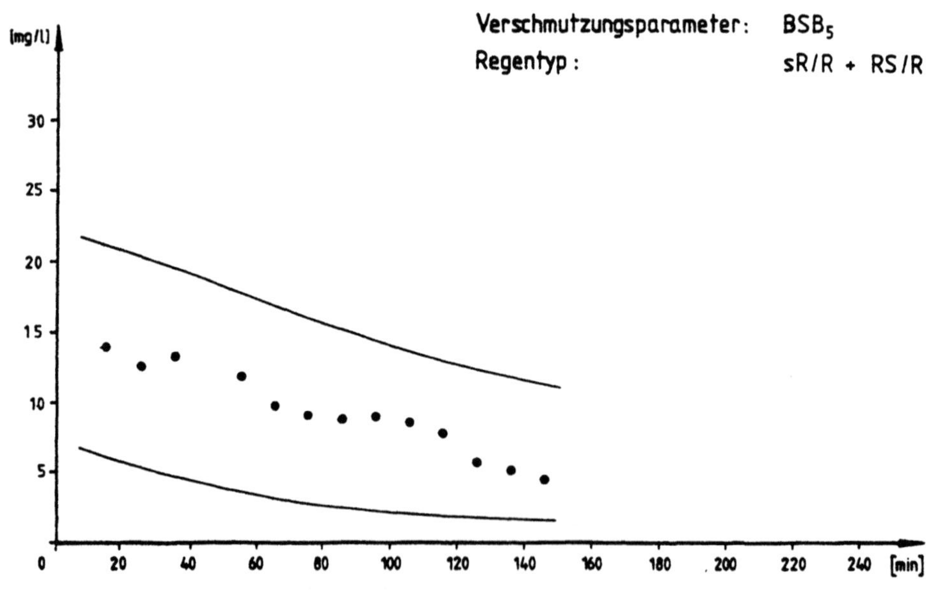

Abb. 28 BSB_5 bei starkem Regen nach Regen in Abhängigkeit von der Zeit nach Abflußbeginn. Gleitende Durchschnitte mit Hüllkurven für die Standardabweichung

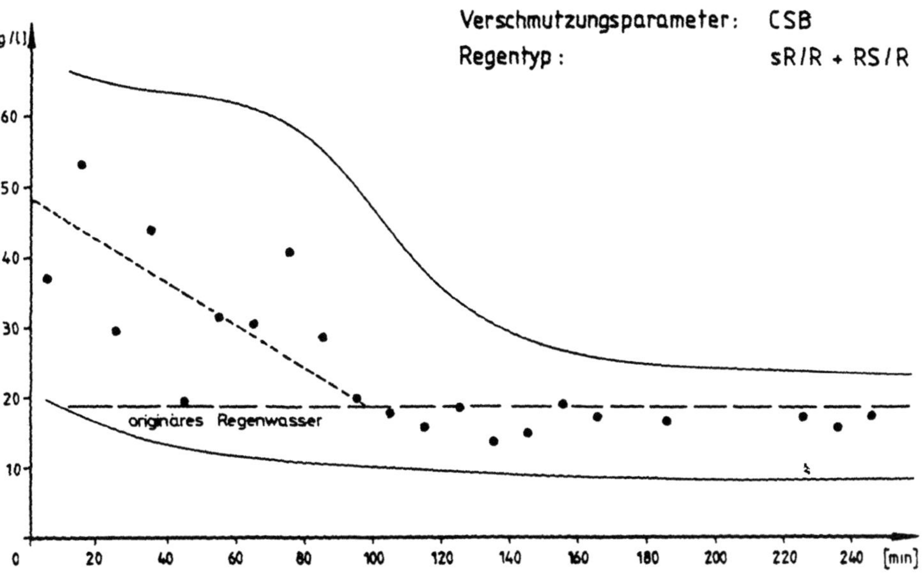

Abb. 29 CSB bei starkem Regen nach Regen in Abhängigkeit von der Zeit nach Abflußbeginn. Gleitende Durchschnitte mit Hüllkurven für die Standardabweichung

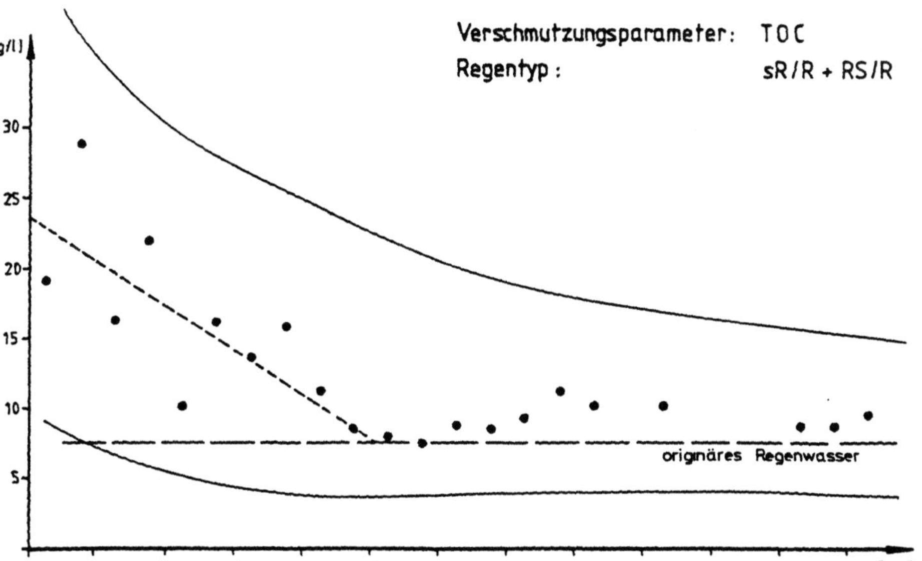

Abb. 3o TOC bei starkem Regen nach Regen in Abhängigkeit von der Zeit nach Abflußbeginn. Gleitende Durchschnitte mit Hüllkurven für die Standardabweichung

Linie eingetragen ist.
Nunmehr wird auch die Bedeutung des Spüleffektes von Starkregen klar. Der ungefähr lineare Abfall von CSB und TOC trifft im Durchschnitt nach 1oo Minuten die Grundverschmutzung des originären Regenwassers. Der Spüleffekt wird durch Starkregen in 1oo Minuten vollendet.
Streng genommen gilt diese Aussage nur für die Kanalsysteme Muffet und Tivoli in Aachen. Doch kann diese Tendenz ohne weiteres auf andere Trennkanalsysteme übertragen werden.
Der beschriebene Spüleffekt tritt natürlich auch bei Starkregen nach Trockenwetter ein. So können auch die Werte in den Abbildungen 19 und 2o entsprechend gedeutet werden.
Die allgemeine Straßenverschmutzung ist am Ende einer Trockenwetterperiode höher als nach Vorregen, der Abfall der CSB- und TOC-Werte bei sR/T noch steiler. Doch ist die gerade Linie der Verschmutzung nach einer oder zwei Stunden nicht so gut zu erkennen und ihre Lage nicht so niedrig, wie bei dem Regentyp sR/R.

5.1.5 Phosphat

Die Konzentration an löslichem o-Phosphat in den Proben des Gebietes Muffet betrug im Mittel an Hand von 39 Proben von Mai bis Oktober 1973 o,13 mg P/l.
Dies liegt auf der gleichen Höhe wie der o-Phosphatgehalt von originärem Regenwasser (s. Probe 6 des aufgefangenen Regenwassers vom 3o.6.78). Daraufhin wurde die Untersuchung des Phosphats bis auf gelegentliche Stichproben eingestellt.
An anderen Stellen wurde bereits der Phosphatgehalt von Niederschlägen untersucht. So fand Bernhardt (53) im Gebiet der Wahnbachtalsperre im Mittel o,1o2 mg P/l. Bernhard zitiert andere Arbeiten und erklärt das Vorkommen von Phosphat im Regenwasser aus den Emissionen von Kraftwerken, im Falle der Wahnbachtalsperre auch aus den Emissionen der phosphorherstellenden Industrie.
Im allgemeinen ist demnach die Phosphatbelastung des abfließenden Regenwassers gering gegenüber der Phosphatbelastung des häuslichen Abwassers.

Im April 1974 wurde der o-Phosphatgehalt von Proben zweier Meßreihen an der Meßstelle Tivoli untersucht (RE T 2o und T 21). Aus den 13 Werten ergab sich ein Mittelwert von 1,7 mg P/l, in den Grenzen o,19 - 3,54 mg/l. Dieses Ergebnis wird nicht als typisch für abfließendes Regenwasser genommen. Die hohen Einzelwerte sind eher ein Hinweis einer Fehleinleitung von Abwasser einer Haushaltwaschmaschine. Abwasser vom Waschen der Haushaltwäsche hat einen mittleren Gesamt-Phosphatgehalt von 165 mg P/l, von denen ein Teil als o-Phosphat erfaßt wird (54). Wenn in den genannten Proben bis zu 3,5 mg P/l gefunden wurde, so kann das ein Hinweis auf Waschabwasser sein, zumal bei den genannten Probeserien nur sehr geringe Abflüsse herrschten (s. Teil II dieses Berichtes, Tabellen, Tivoli S. 9).

5.1.6 Nitrit

Der Gehalt an Nitrit im abfließenden Regenwasser war durchweg gering, und zwar an Meßstellen Muffet und Tivoli im Durchschnitt fast gleich (s. Tabelle 7). Ein wesentlicher Anteil des Nitrits wird dem originären Regenwasser zugeschrieben, wenn auch nur wenige Messungen zum Vergleich durchgeführt wurden. Der Nitritgehalt des Regenwassers beruht auf dem Washout der Nitrosen Gase, die mit den Emissionen von Kohlekraftwerken und von Kraftfahrzeugen in die Luft gelangen. Eine andere mögliche Genese von Nitrosen Gasen ist die Entstehung durch elektrische Entladung in der Luft bei Gewitter.

5.1.7 Nitrat

Der mittlere Gehalt an Nitrat und besonders die Maximalwerte waren recht beachtlich. Auch der Nitratgehalt des Regenwassers beruht auf dem Washout der Nitrosen Gase, wie bereits unter Ziffer 5.1.6 beim Nitrit beschrieben. In Wasser an der Luft geht Nitrit leicht in Nitrat über. Daher ist Nitrat das bevorzugte Ion in natürlichen Wässern.
In den untersuchten Proben des originären Regenwassers lag der Durchschnitt an Nitrat bei 1,3 mg N/l mit einem Schwankungsbereich von o,2o bis 5,19 mg N/l. Das zeigt bereits, wie enorm unterschiedlich der Washout sein kann.

Der Mittelwert von 2o1 auf Nitrat untersuchten Proben im Gebiet Muffet lag bei 1,1 mg N/l, ist also ganz ähnlich dem Mittelwert des Regenwassers. Eine zusätzliche Nitratverschmutzung beim Abfließvorgang scheint also im Gebiet Muffet nicht gegeben zu sein. Auch die Maximalwerte um 3 mg/l im Juni 1973 und um 5 mg/l im April 1974 sind als extreme Washout-Situationen denkbar.
Im Gebiet Tivoli scheinen andere Verhältnisse vorzuliegen. Der Mittelwert aus 124 Proben an Nitrat liegt bei 3,6 mg N/l. Maximale Werte um 1o mg/l kommen vor, und das bei sonst geringer organischer Verschmutzung.
Dies kann durch einen hohen Anteil an Grundwasser im Regenwasserkanal erklärt werden. Nitrat kommt in vielen Grundwässern in recht starken Konzentrationen vor. Auch das aus Grundwasser gewonnene Aachener Trinkwasser enthält 14 mg Nitrat (55).

5.1.8 Ammonium

Der Ammoniumgehalt von originärem Regenwasser lag in Aachen bei den elf untersuchten RE im Durchschnitt genau in der gleichen Höhe wie der mittlere Gehalt an Nitrat, nämlich bei 1,3 mg N/l (s. Tabelle 7). Dieser Mittelwert ist wegen der geringen Zahl der Einzelmessungen noch nicht repräsentativ genug. Denn der Mittelwert aus 185 Einzelmessungen im Gebiet Muffet lag bei 1,2 mg N/l, im Gebiet Tivoli an 13o Einzelmessungen bei o,6 mg N/l.
Der Unterschied kommt durch einige wenige Probeserien im Gebiet Muffet zustande, bei denen nicht mit Bestimmtheit ausgeschlossen werden kann, daß der Regenwasserabfluß einen Anteil Abwasser enthält (RE M 66, M 67 und M 69). In der voraufgegangenen Probenserie M 65 wurde Abwasser nachgewiesen (s. Kapitel 5.3) und die Werte daher nicht zur Mittelwertbildung herangezogen.
Ammoniak gelangt vornehmlich aus den Emissionen von Kohle-Kraftwerken und von Hausfeuerungen mit Kohle in die Luft und wird durch Washout-Effekt vom Regenwasser zur Erde niedergeschlagen.
Aus den Untersuchungen geht hervor, daß der Ammoniumgehalt des Regenwassers durch den Abflußvorgang, wenn überhaupt,

dann nur unwesentlich erhöht wird.
Um eventuelle Tendenzen im Ammoniumgehalt mit der Abflußzeit zu erkennen, wurden die Probeserien nach dem Regentyp geordnet und überprüft. Die Tabelle 11 zeigt die Unterschiede.

Tabelle 11

NH_4-Gehalt im abfließenden Regenwasser (mg N/l)				
Regentyp	In der 1. Stunde	2. Stunde	3.-5. Stunde	Bem.
lR/T			1,38	
mR/T	o,95	o,66	1,99	
sR/T	1,o5	1,o6	1,37	s. Abb. 31
lR/R	o,79			
mR/R	o,9o	o,91	1,o9	
sR/R	o,35	o,35		s. Abb. 32

5.1.8.1 Leichter Regen nach Trockenwetter, lR/T

Bei den wenigen RE dieses Typs (acht) lagen zu wenige Ammoniumanalysen vor, um in den ersten beiden Stunden des Abflusses einen Mittelwert bilden zu können.
Von der dritten Stunde nach Abflußbeginn an ergaben 15 Einzelwerte einen Mittelwert von 1,38 mg N/l. Das liegt über dem Durchschnitt.

5.1.8.2 Mäßiger Regen nach Trockenwetter, mR/T

Das gut gesicherte Zahlenmaterial zeigt von der ersten zur zweiten Stunde nach Abflußbeginn ein Sinken des Ammoniumgehaltes, danach einen Wiederanstieg.
Da eine Zunahme der Verschmutzung durch den Straßenschmutz bei den Analysen BSB_5, CSB und TOC nicht beobachtet wurde und auch nicht vorstellbar ist, kann es sich bei dieser Erscheinung um ein meteorologisches Phänomen handeln: Der später fallende Regen kommt aus höheren Wolkenschichten, der die Luft stärker auswäscht als der Regen, der sich aus der untersten Wolkenschicht auslöst.

Dieses Problem des Anstiegs des Ammoniumgehaltes im Regenwasser mit der Zeit ist interessant. Es sollte durch reine Regenwasseranalysen näher untersucht werden.

5.1.8.3 Starker Regen nach Trockenwetter, sR/T

Einschließlich der RE des Typs RS/T wurde von 14 RE Probeserien genommen, von denen 57 Einzelwerte an Ammonium erhalten wurden. Wie die Tabelle 11 zeigt, nimmt auch bei diesem Regentyp der Ammoniumgehalt nach zwei Stunden zu.
Die Stundentendenzen bei allen drei Regentypen sind ähnlich: Von der dritten Stunde ab wird ein Anstieg des Ammoniumgehaltes beobachtet.
Allerdings läßt in dieser Zeit meistens der Abfluß nach, so daß diese Stickstoffverschmutzung nicht mehr so wesentlich ist.
Bei genauer zeitlicher Auftragung der Werte dieses Regentyps ist zu erkennen, daß in den ersten Minuten des Abflusses höhere Ammoniumgehalte gefunden werden, die schnell sinken (s. Abbildung 31). Dieser Effekt wird auf eine Abspülung der Straßen zurückgeführt, ähnlich wie beim BSB_5 (s. Abbildung 15 und 18). Der Effekt ist jedoch nur bei Starkregen nach Trockenwetter nachweisbar, das sind weniger als 1o % der registrierten RE.
Insgesamt beurteilt bleibt die Aussage bestehen, daß der weitaus größte Teil des Ammoniums im abfließenden Regenwasser aus dem originären Regenwasser stammt.

5.1.8.4 Leichter Regen nach Regen, lR/R

Aus den wenigen Messungen bei den RE dieses Typs resultiert ein Mittelwert in der ersten Stunde des Abflusses, der etwas niedriger liegt als der Gesamtmittelwert und etwas niedriger als die Werte der ersten Stunde bei RE nach Trockenwetter (s. Tabelle 11).

5.1.8.5 Mäßiger Regen nach Regen, mR/R

Von dem vielen Zahlenmaterial dieses Regentyps ist eine schwach ansteigende Tendenz nur in der 3. Stunde nach Abflußbeginn erkennbar (s. Tabelle 11). Danach fällt der Ammoniumgehalt wieder. Bei Überprüfung der Ergebnisse der Probeserien wird festgestellt, daß dieser Anstieg nur bei wenigen RE nachweisbar ist.

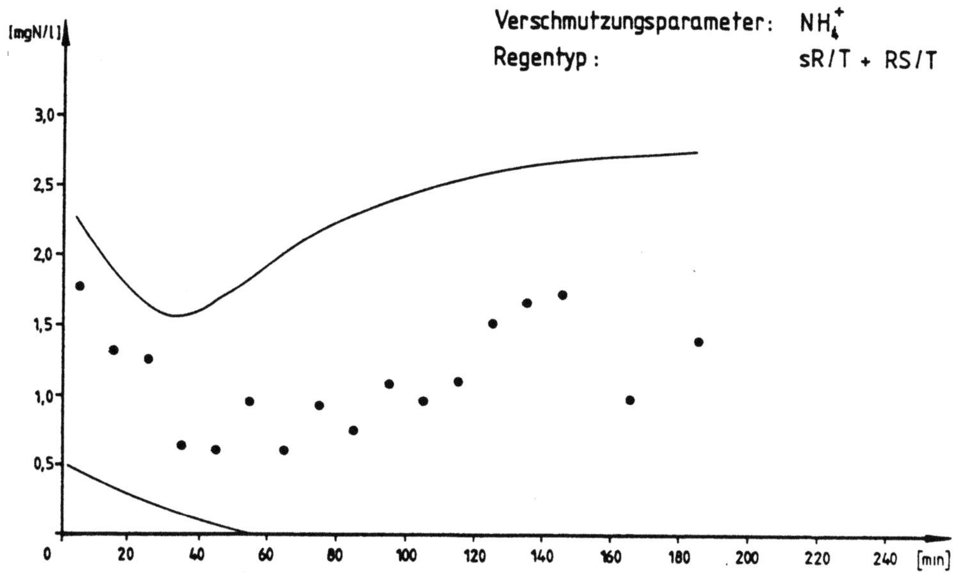

Abb. 31 Ammoniumgehalt bei starkem Regen nach Trockenwetter in Abhängigkeit von der Zeit nach Abflußbeginn. Gleitende Durchschnitte mit Hüllkurven für die Standardabweichung

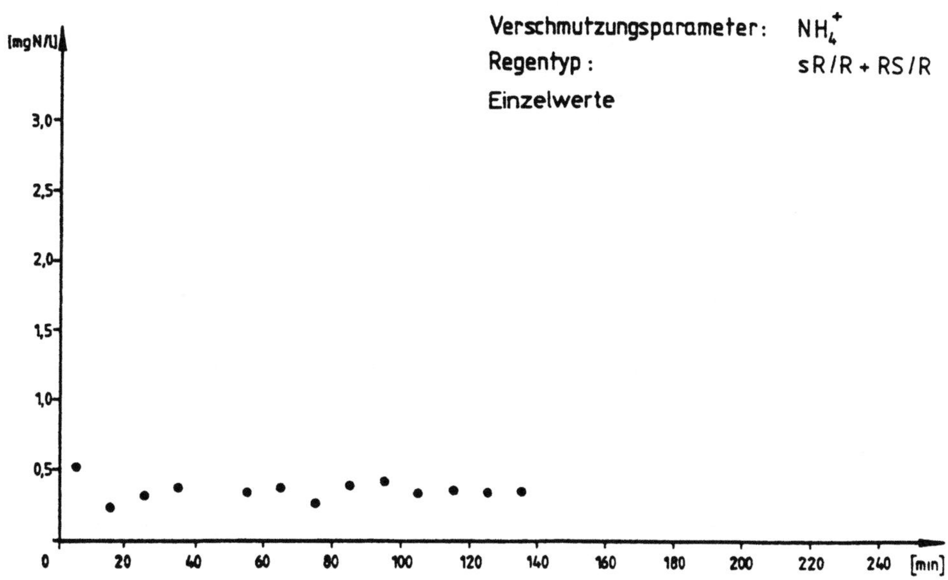

Abb. 32 Ammoniumgehalt bei starkem Regen nach Regen

5.1.8.6 Starker Regen nach Regen, sR/R

Es lagen nur wenige Ergebnisse vor, die gleichmäßig auf niederem Niveau liegen (s. Abbildung 32).
Nach voraufgegangenen Regenfällen ist der Ammoniumgehalt des originären Regenwassers geringer als nach Trockenwetter.

5.2 Regen und Abfluß

5.2.1 Gleichzeitigkeit der Regenereignisse

Wie bereits die Tabelle 5 (s. Ziffer 4.2) zeigt, sind die monatlichen Summen der Regenhöhen an verschiedenen Stellen Aachens recht unterschiedlich. Das rührt daher, daß Regenwolken während ihres Zuges von Ort zu Ort unterschiedlich stark ausregnen. Daher konnte es im Laufe der Untersuchung meistens nicht gelingen, von beiden gleichzeitig funktionsfähigen Meßstellen (Muffet und Tivoli) Probeserien von demselben Regen zu erhalten. Die Aufzählung der etwa gleichzeitigen zweimal 11 Regenereignisse befindet sich in Tabelle 12.
Obwohl die beiden Stellen Muffet und Tivoli ungefähr in der Richtung der Hauptzugbahnen von Regenwolken angeordnet sind (etwa 3 km entfernt von SW nach NE, s. Abbildung 6), scheinen in einigen Fällen der Tabelle 12 die RE nach Aussage der Analysen nicht echt von den gleichen Regenwolken verursacht worden zu sein. Bei Annahme einer durchschnittlichen Zuggeschwindigkeit von Regenwolken von 3o km/h und der Richtung SW nach NE müßte die theoretische Zeitschiebung 6 Minuten betragen (an Meßstelle Tivoli Einsetzen des Regens 6 Minuten später als an der Meßstelle Muffet). Gewitterregen allerdings fallen meist aus ortsfesten Wolken (36).
Eine Zeitverschiebung von +15 bzw. +22 Minuten tritt bei den gleichzeitigen RE der Tabelle 12 unter den lfd. Nr. 7 (sR bzw. ssR nach 3 T) und Nr. 1o (sR bzw. mR nach 7 T) auf.
Fast genaue Gleichzeitigkeit tritt bei den beiden RE der lfd. Nr. 11, wiederum sR nach T, auf.

5.2.2 Verschmutzung des Regenwassers von gleichzeitigen Regenereignissen

Die drei letzteren doppelten RE sind mit ihren gemittelten

Tabelle 12

Vom gleichen Regen in Muffat und Tivoli genommene Probeserien (1974)

lfd. Nr.	Tag	Muffet RE	Muffet Regentyp	Muffet Uhrzeit	Tivoli RE	Tivoli Regentyp	Tivoli Uhrzeit	Zeitdifferenz (Min.) Regen	Zeitdifferenz (Min.) Probenahme
1	11.1	M 39	mRS/1T	12.15 - 14.o2	T 1	mRS/R	12.54-17.13	-1	+39
2	18.1	M 43	lR/R	8.13 - 9.31	T 3	lR/R	9.24-12.o5	-65	+71
3	7.2.	M51/52	mR/R	17.o7 - 2o.56	T 7	mR/R	1738-22.14	+3o	+31
4	8.2.	M 53	mR/R	21.58 - o.4o	T 9	mR/R	22.42-1.1o		-16
5	12.3.	M 59	mR/R	1o.3o - 11.51	T14	mr/R	1o.35-13.o6		+5
6	21.3.	M 64	sR/mR	1.1o - 2.36	T17	mR/R	1.37-2.45	+3o	+27
7	13.5.	M 71	sR/3T	2o.oo - 22.41	T24	ssR/3T	19.24-21.34	+15	-36
8	23.5.	M 78	mR/R	5.36 - 8.18	T27	mR/R	5.42-721	+2	+6
9	24.5.	M 79	mR/1T	13.2o - 15.29	T29	lR/R	13.17-15.59	-47	-3
1o	26.8.	M 86	sR/7T	17.57 - 2o.18	T35/36	mR/7T	18.19-21.29	+22	+22
11	16.9.	M 89	sR/5T	1.21 - 3.o7	T4o	sR/7T	1.32-3.o4	-2	+11

Analysenergebnissen in den Tabellen 13 -15 gegenübergestellt.

5.2.2.1 Vergleich der RE M 71 und T 24

Die Tabelle 13 enthält die Daten der RE M 71 und T 24, gemittelt über 4 bzw. 5 Proben. Die Ergebnisse sind auffallend ähnlich. Die Verschmutzung entspricht etwa den Durchschnittswerten, wie in Tabelle 7 angegeben.

Tabelle 13

Mittlere Verschmutzung des Regenwassers bei gleichzeitigen Regenereignissen an Muffet und Tivoli am 13. Mai 1974

	Muffet	Tivoli
Befest. Fläche ha	4,22	7,2o
RE	M 71	T 24
Regentyp	sR/3 T	ssR/3 T
Uhrzeit h	2o.oo-21.oo	19.24-2o.31
Proben-Nr.	722 - 725	732 - 736
Abfluß	43	75
Sedimente ml/l	2,1	3,4
Leitfähigkeit µS/cm	86	118
pH	7,1o	7,22
BSB_5 mg/l	12,6	22
CSB mg/l	36	37
TOC mg/l	25	22
NO_3 mgN/l	o,69	1,o4
NH_4 mgN/l	o;96	1,o7

Die Sedimente sind höher als der Durchschnitt, weil die Proben, die nach etwa einer Stunde grundsätzlich weniger Sedimente enthalten, nicht mehr zu Mittelwertsbildungen herangezogen wurden. An den etwas höheren Werten der Leitfähigkeit und der Nitrate erkennt man den höheren Grundwasseranteil im Gebiet Tivoli, wie unter Ziffer 5.1.2 und 5.1.7 ausgeführt. Der mittlere Abfluß an den Meßstellen entspricht recht genau den befestigten Flächen der beiden Gebiete.

5.2.2.2 Vergleich der RE M 86 und T 35

Noch größer ist die Ähnlichkeit der Werte der beiden fast

gleichzeitigen RE M 86 und T 35 am 26. August 1974. Die Mittelwerte je zweier Proben sind in der Tabelle 14 registriert.

Tabelle 14

Mittlere Verschmutzung des Regenwassers bei gleichzeitigen Regenereignissen an Muff t und Tivoli am 26. August 1974

	Muffet	Tivoli
RE	M 86	T 35
Regentyp	sR/7T	mR/7T
Uhrzeit	17.57 - 18.16	18.19 - 18.36
Proben-Nr.	1366 - 1367	1375 - 1376
Abfluß l/s	36	21
Sedimente ml/l	3	1,5
Leitfähigkeit $\mu S/cm$	198	235
pH	6,28	6,26
BSB_5 mg/l	27	28
CSB mg/l	91	91
TOC mg/l	43	47
NO_2 mgN/l	o,15	o,17
NO_3 mgN/l	2,4	2,5
NH_4^+ mgN/l	1,8	2,1

Unterschiede sind bei diesen gleichzeitigen RE im Abfluß zu finden. Das liegt an der unterschiedlichen Regenmenge, die in den beiden Meßgebieten fiel: In Muffet 6,3 mm (s. Abbildung 36) und in Tivoli 2,8 mm.
Auch ist die Leitfähigkeit des Regenwassers in Tivoli wiederum etwas höher, was, wie öfter erwähnt, dem höheren Grundwasseranteil zugeschrieben wird.
Die Werte des pH, der organischen Verschmutzung und der Stickstoffverbindungen sind derartig ähnlich, daß sich der Gedanke aufdrängt, daß der größte Teil der gelösten Verschmutzung vom originären Regenwasser herrührt. Das trifft ganz sicher für die Stickstoffverbindungen zu. Wenn auch dem beim RE fallenden Regen nicht ein CSB von 91 mg/l unterstellt werden kann - Vergleichsmessungen von fallendem und abfließendem Regenwasser fehlen -, so ist doch sicherlich der größte Anteil der organischen Verschmutzung mete-

orologischen Ursprungs: Der Staub, der sich an den voraufgegangenen Trockenwetterlagen auf die Erdoberfläche gelegt hat. Denn so genau gleich kann die Verschmutzung der Straßen in beiden unterschiedlichen Einzugsgebieten durch die Anwohner und den Verkehr nicht sein.

5.2.2.3 Vergleich der RE M 89 und T 4o

Das dritte Beispiel ist die lfd. Nr. 11 der Tabelle 12, die RE M 89 und T 46. Die beiden Regenschreiber zeigen ein ungefähr gleichzeitiges Einsetzen des Regens, jedoch mit ansteigender Intensität (s. Abbildung 4o). Der Beginn der Probenahme ist um ca. 9 Minuten versetzt, zuerst in Muffet, dann in Tivoli. Das entspricht etwa der Zuggeschwindigkeit der Wolken. Wie die Analysentabellen aussagen (s. Teil II), sind in beiden Serien je zwei Spülschübe an dem Sedimentgehalt der Proben zu erkennen, in Probe 1 sowie in Probe 3 bzw. 4. Der Abflußschreiber von T 4o zeigt die Abflußwellen auch an. In der Tabelle 15 sind die Analysen der ersten 3 Proben und der nachfolgenden vier gemittelt.

Auch hier zeigt sich eine frappante Übereinstimmung. Der erste Regenguß und damit die erste etwas schwächere Abflußwelle bringt höhere Verschmutzungswerte. Dies basiert ohne Zweifel auf dem ersten Abspülen der Straßen.

Der zweite stärkere Regenguß ist eigentlich bereits ein Regen nach Regen, also sR/R. Sein abfließendes Wasser ist geringer verschmutzt.

Wenn, wie oben angeführt (Ziffer 5.1.6 bis 5.1.8) die Stickstoffwerte, besonders das Nitrat, auf dem Washout des Regens beruhen, so sagen die Analysen aus (s. Teil II M 89 mit T 4o), daß zwei verschiedene Regenarten niedergegangen sind, Regen aus zwei verschiedenen Wolken und Höhen.

Auch der unterschiedliche pH deutet darauf hin. Der erste Regenguß enthielt mehr CO_2 als der zweite; der pH des ersten Regenwassers war saurer als der des zweiten.

Setzt man voraus, daß der Washout nocht zwischen den verschiedenen Luftverschmutzungsstoffen unterscheidet, also proportionale Mengen an Nitrosen Gasen (Nitrit + Nitrat in Regenwasser), Ammoniak, CO_2 (das führt zu einer pH-Verschiegung, und zwar logarithmisch) und an organischen Stoffen auswäscht, so kann die Konzentration des einen in die des anderen umgerechnet werden.

Tabelle 15

Mittlere Verschmutzung des Regenwassers bei gleichzeitigen Regenereignissen an Muffet und Tivoli am 16. September 1978.

	Muffet		Tivoli	
RE	M 89		T 4o	
Regentyp	sR/5T		sR/7T	
Uhrzeit h	1.21 - 1.45	1.54-2.3o	1.32-1.54	2.o5-2.3o
Proben-Nr.	1484-86	1487-9o	1494-96	1497-15oo
Abfluß l/s			47	53
Sedimente ml/l	1,3	1,6	2,o	o,7
Leitfähigkeit µS/cm	192	67	145	71
pH	6,96	7,57	7,11	7,64
BSB_5 mg/l	29	11	22	7
CSB mg/l	12o	18	51	21
TOC mg/l	57	8	23	3
NO_2^- mgN/l	o,37	o,o8	o,o8	o,o4
NO_3^- mgN/l	1,63	o,56	1,36	o,53
NH_4^+ mgN/l	o,71	o,32	o,97	o,44

Beim Nitrit + Nitrat, die zusammengerechnet werden, da sie die gleiche Genese aus Nitrosen Gasen haben, betrug das Verhältnis der Konzentrationen der ersten zu der zweiten Abflußwelle

in Muffet: $\frac{2,o}{o,64} = 3,1$

in Tivoli: $\frac{1,44}{o,57} = 2,5$

Beim Ammonium betrug das Verhältnis

in Muffet: $\frac{o,71}{o,32} = 2,2$

in Tivoli: $\frac{o,97}{o,44} = 2,2$

Beim pH betrug die Verschiebung

in Muffet: o,6

in Tivoli: o,5

Das macht eine Konzentrationserniedrigung an Säure um 3,o - 3,8 aus, ein ungepuffertes System vorausgesetzt. Auch die Leitfähigkeit, die bisher immer der Straßenverschmutzung zugeschrieben wurde, verringert sich entsprechend

in Muffet: $\frac{192}{67} = 2{,}9$

in Tivoli: $\frac{145}{71} = 2{,}1$

Diese Übereinstimmung der Verhältnisse der zwei folgenden Abflußwellen kann kein Zufall sein. Sie ist nur erklärlich, wenn der größte Teil der Verschmutzung entweder direkt vom Washout oder vom Auswaschen des Fallout, des aus der Luft bei Trockenwetter niedergeschlagenen Staubes stammt.
Nun erscheint das Verhältnis der organischen Verschmutzung beider Abflußwellen ebenfalls in einem anderen Licht.
Beim BSB_5

in Muffet: $\frac{29}{11} = 2{,}6$

in Tivoli: $\frac{22}{7} = 3{,}1$

Beim CSB

in Muffet: $\frac{120}{18} = 6{,}7$

in Tivoli $\frac{51}{21} = 2{,}4$

Beim TOC

in Muffet: $\frac{57}{8} = 7{,}1$

in Tivoli: $\frac{23}{3} = 7{,}7$

Die Stoffe, die den BSB_5 verursachen, also abbaubare organische Stoffe, scheinen ebenfalls zum größten Teil aus dem Staub höherer Luftschichten zu stammen.
Beim CSB und beim TOC ist, besonders im Gebiet Tivoli, das Verhältnis wesentlich höher als 3. Hier ist ein Hinweis auf anthropogene Straßenverschmutzung mit nicht abbaubaren organischen Stoffen gegeben, vielleicht verursacht durch das höhere Verkehrsaufkommen. Die Anteile anthropogener zu meteorologischer Verschmutzung sind aus den Verhältnissen

ungefähr zu berechnen. Setzt man ein Verhältnis von 3,o in Muffet für die meteorologischen Anteile der beiden Regengüsse an (Mittel aus den Verhältnissen der Analysen des Nitrats, Ammoniums, pH und der Leitfähigkeit in Muffet), so wird der anthropogene Anteil beim CSB in Muffet 6,7 - 3 = 3,7.
Damit sind die Anteile anthropogen zu meteorologisch

3,7 : 3,o = 55 % : 45 %

Entsprechend gilt im Gebiet Tivoli für den CSB

7,1 - 1,5 = 4,6

Und 4,6 : 2,5 = 65 % : 35 % ist das Verhältnis der anthropogenen zur meteorologischen Regenwasserverschmutzung im Gebiet Tivoli. Das ist in Zahlen ähnlich den unter Ziffer 5.1.4 genannten Anteilen von 25 - 35 % abbaubarer Stoffe in Pullach nach den Brunnerschen Ergebnissen (2).
Diese Verhältnisse gelten nur für den beschriebenen Starkregen nach längerer Trockenheit, d.h. bei weniger als 1o % der Regenereignisse. In der überwiegenden Zahl der Fälle gilt das Beispiel gleichzeitiger RE entsprechend Ziffer 5.2.2.2, bei dem der anthropogene Verschmutzungsanteil gering gegenüber dem meteorologischen Anteil war.

5.2.3 Zusammenhang zwischen Regen und Abfluß an den Meßstellen

Einige aussagekräftige Schreibstreifen der Regen- und der Pegelschreiber sind in den Abbildungen 33 - 4o graphisch dargestellt.
Im einzelnen sind die Regenereignisse wie folgt zu kommentieren: M 23 a (zu Abbildung 33).
Der Niederschlag wurde auf Beiblatt M 23 a (s. Band II) mit 8,2 mm in 4,5 Std. angegeben. Praktisch lassen sich jedoch nach dem Regenschreibstreifen drei Etappen des Regens feststellen, wobei nur aus dem Wasser der ersten Regenetappe 1o Proben gezogen wurden. Bei der zweiten und dritten Regenetappe kurz darauf waren die vollen Probeflaschen noch nicht wieder durch leere ersetzt. Daher stehen nur die 2,8 mm Niederschlag zwischen 19.3o h und 2o.1o h zu der ersten Abflußwelle in Bezug. Die zweite

geringe Regenetappe von 21.oo h bis 21.4o h macht sich als leichte Pegelerhöhung bemerkbar, während die dritte Regenetappe von 4,8 mm Niederschlag zwischen 22.25 h und etwa o.o5 h wieder eine starke Abflußwelle erzeugt. Bei plötzlich stark einsetzendem Regen ist etwa 1o Minuten später ein starker Pegelanstieg im Kanal zu verzeichnen. Die Abklingzeit der Abflußwelle beträgt etwa drei Stunden.

M 72 - M 77 (zu Abbildung 34)

Am 22. Mai 1974 wurden vom Regenschreiber Muffet sechs mäßige Regenschauer mit 1 bzw. 2,7 mm Niederschlag in Abständen von 2 - 3 Stunden registriert.
Der Pegelschreiber im Kanal reagierte jeweils einige Minuten prompt mit kleinen Spitzen, die jedoch schnell wieder unter die Einschaltschwelle des Probenahmegerätes zurückgingen. Daher konnten jeweils nur eine bis drei Proben automatisch gezogen werden. Die entsprechenden Kurven der Meßstelle Tivoli sind in der Abbildung 38 für die RE T 25 und T 26 dargestellt. Aus diesen Beispielen kann die Wasserqualität für beide Meßstellen verglichen werden, da die Regenschauer, ähnlich wie in Kapitel 5.1.1 gesagt, beinahe gleichzeitig niedergingen (s. Ziffer 5.5).

M 79 (zu Abbildung 35)

Eine recht komplizierte Pegelschreiberkurve wurde durch den Regen M 79 verursacht. Der Regenschreibstreifen zeigt große Intensitätsschwankungen eines mäßigen Regens innerhalb 5,5 Stunden. Die acht Proben wurden erst bei Anschwellen des Regens nach über zwei Stunden leichtem Vorregen mit nur geringem Abfluß gezogen. Wie die Analysentabelle Bd. II, Seite 3o, zeigt, ist die Verschmutzung über die Zeit nahezu gleichförmig mäßig und entspricht in dem Gehalt an BSB_5, CSB, TOC ungefähr der mittleren Verschmutzung aller Messungen (s. Ziffer 5.3).

M 86 (zu Abbildung 36)

Das Regenereignis M 86 war ein starker Regen von 6,3 mm Niederschlag innerhalb einer halben Stunde. Von dem zweiten, im Beiblatt M 86 erwähnten Starkregen zwei Stunden später wurde keine Probe mehr genommen, da das Probenahmegerät noch gefüllt war. Auch hier ist, wie bei RE M 23 a, ein erster starker Pegelanstieg mit einer Abflußverzögerung über mehrere Stunden zu sehen.

T 5 b (zu Abbildung 37)

Der Starke Regen am 22. Januar 1974 im Meßgebiet Tivoli brachte 7 mm Niederschlag innerhalb einer Stunde, nachdem ein mäßiger Regen zwei Stunden vorangegangen war. Obwohl der Vorregen nur einen geringen Abfluß verursachte, ist die erste Probe, die aus dem ansteigenden Regenwasserstrom des Starkregens in ihren Verschmutzungswerten der organischen Stoffe nicht mehr erhöht, wie für den RE T 5 b auf Seite Tivoli -3- im Bd. II zu sehen ist. Nur die Sedimente sind anfangs erhöht.
Der Pegelstand sinkt 9o Minuten nach dem Starkregen auf Null.

T 25 und T 26 (zu Abbildung 38)

Die beiden genannten Regenereignisse am 22. Mai 1974 entsprechen den Regenschauern M 72 - M 77 im Gebiet Muffet und sind in Serie mit weiteren mäßigen oder leichten Schauern zu sehen, die zwischen den RE T 25 und T 26 fielen.
Die Abflüsse sind als kleine "Nasen" am Pegelschreibstreifen zu erkennen. Insgesamt floß nur wenig Regenwasser ab.

T 27 (zu Abbildung 39)

Der insgesamt mäßige Regen am Tage nach den leichten Regenschauern, die in den Probenreihen T 25 und T 26 erfaßt sind, setzte relativ plötzlich und mit ziemlicher Stärke ein, so daß der Regenbeginn eigentlich als starker Regen definiert werden müßte. Entsprechend stark war auch die erste Abflußwelle. Nach einer Stunde hielt sich noch stundenlang ein schwacher Abfluß, da der Regen nicht aufhörte.

T 4o (zu Abbildung 4o)

Ein sehr klar zu erkennender starker Regen nach über sieben Tagen Trockenwetter mit Anlauf und Abklingphase, entsprechend die Abflußkurve. Die Parameter der organischen Verschmutzung zeigen klar abnehmende Tendenz, wie sie durch Brunner (2) als Regelfall herausgestellt wurden. Derartige

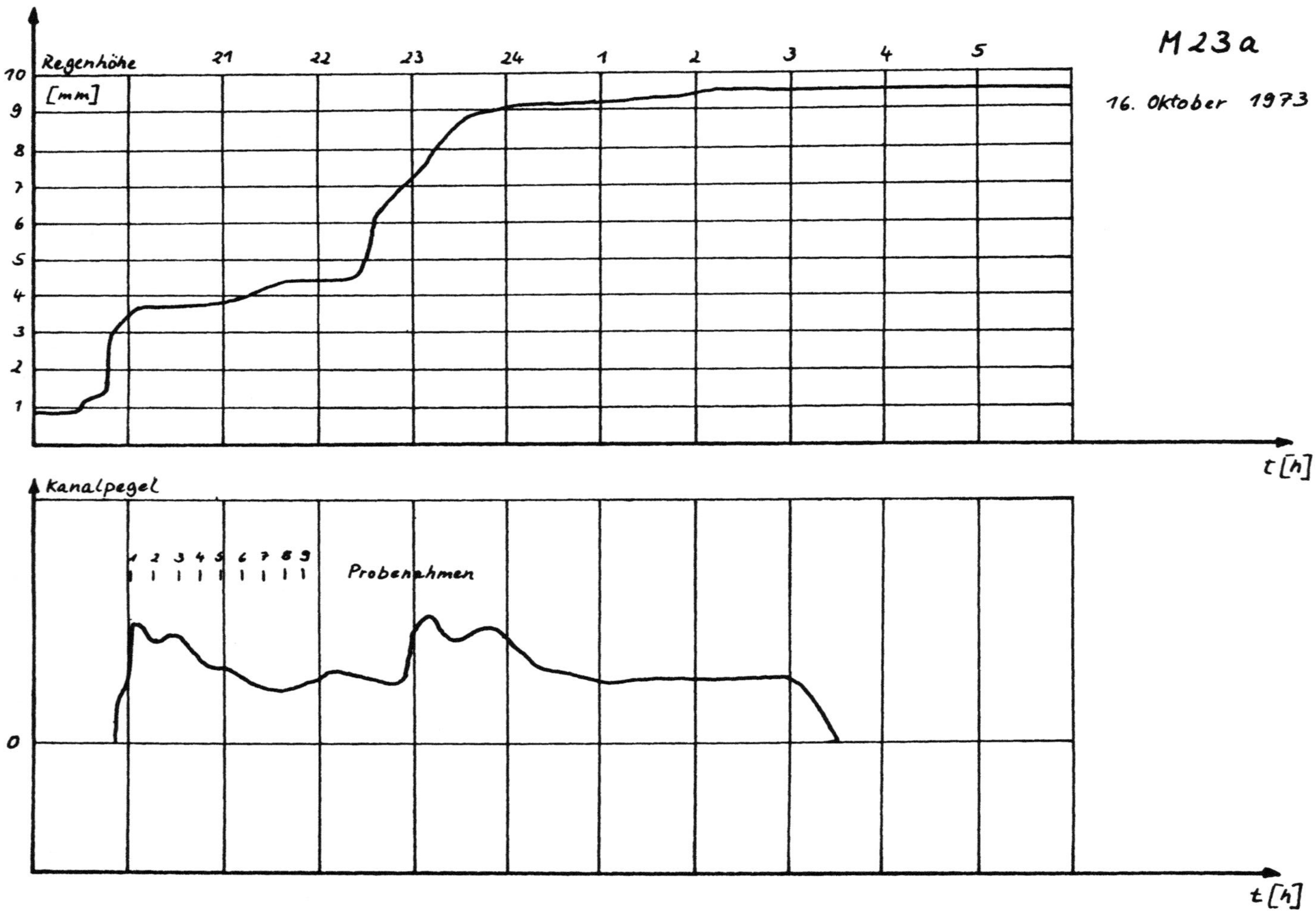

Abbildung 33 Regen- und Pegelschreiber bei RE M 23 a

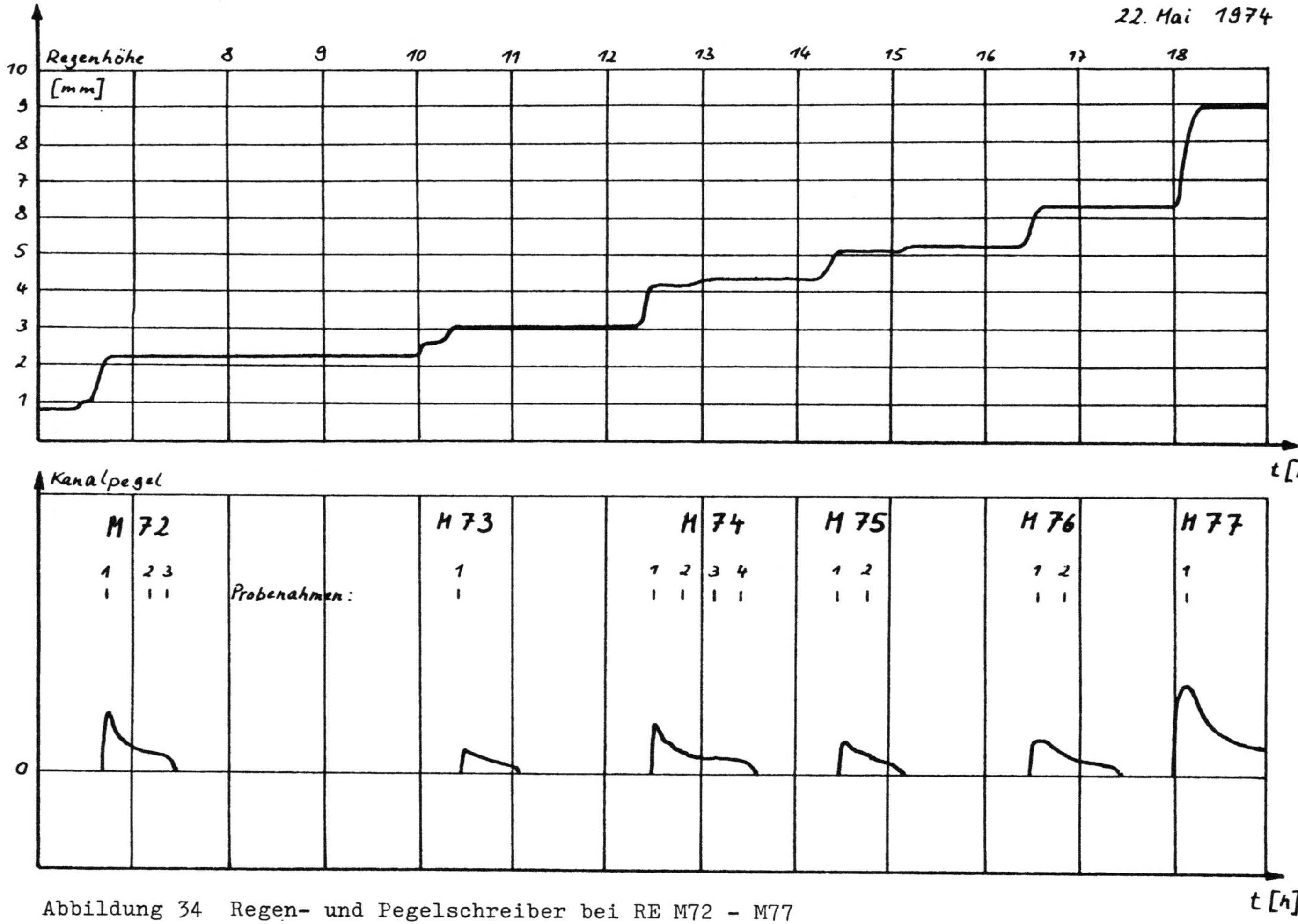

Abbildung 34 Regen- und Pegelschreiber bei RE M72 - M77

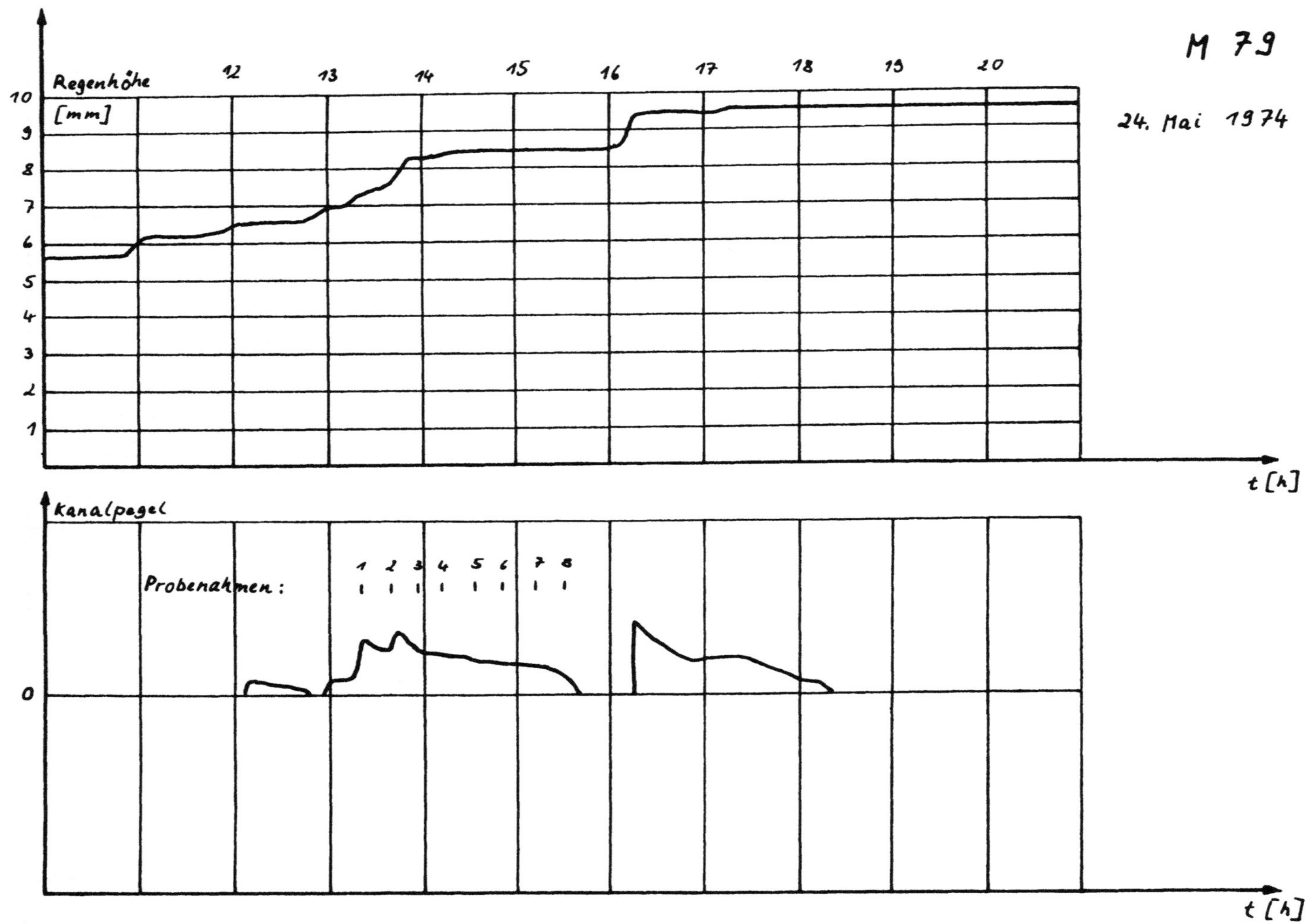

Abbildung 35. Regen- und Pegelschreiber bei RE M 79

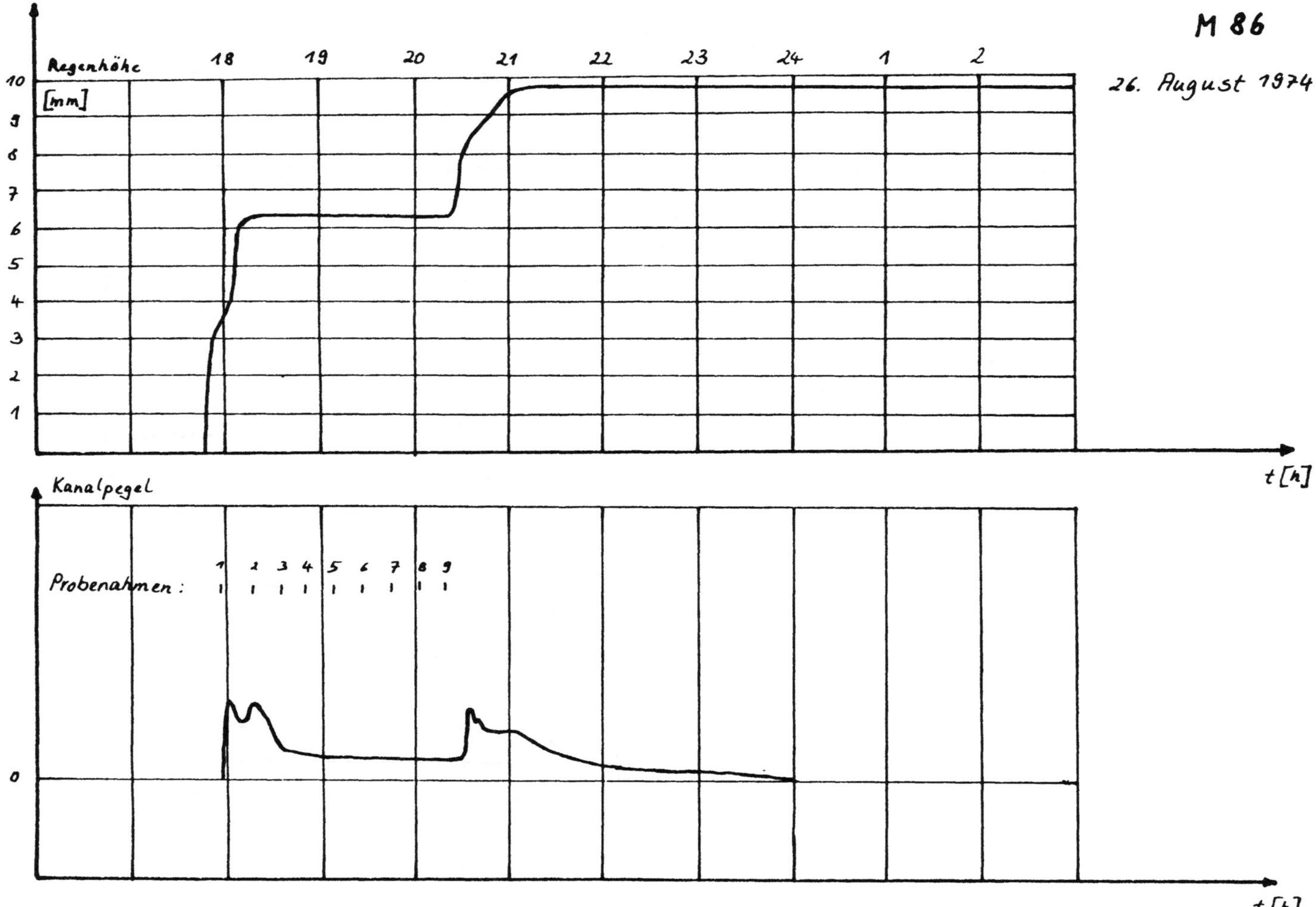

Abbildung 36 Regen- und Pegelschreiber bei RE M 86

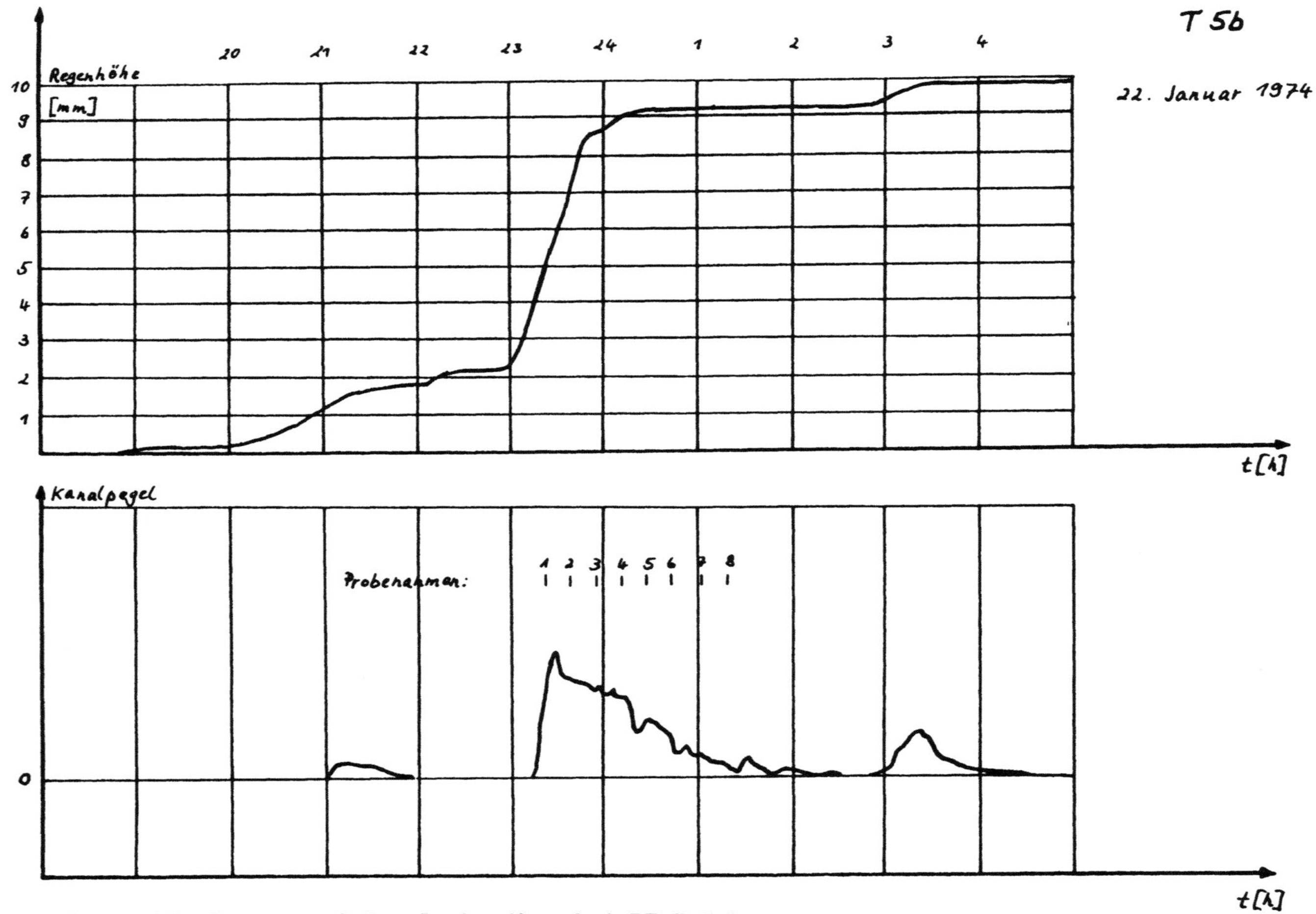

Abbildung 37 Regen- und Pegelschreiber bei RE T 5 b

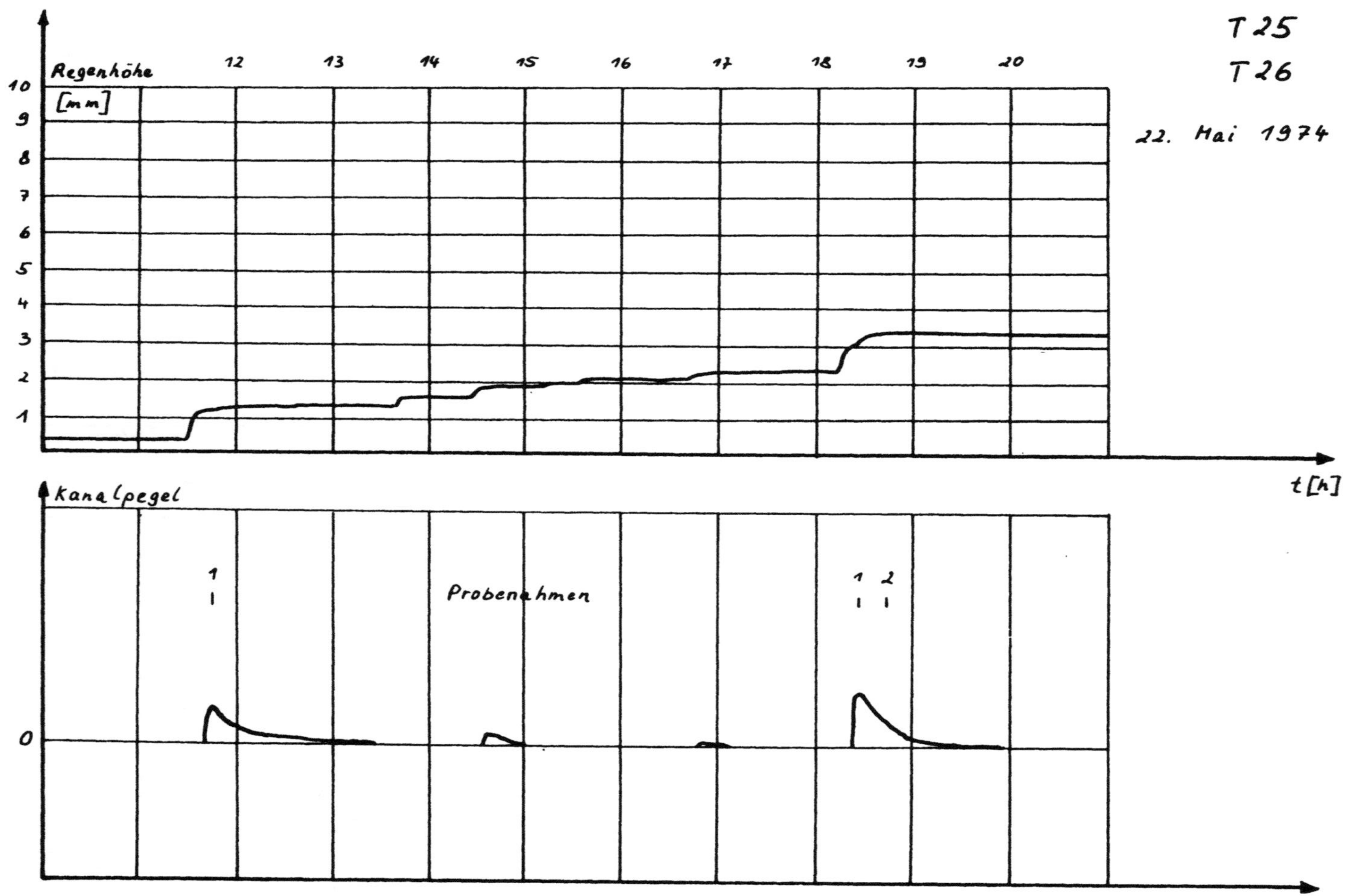

Abbildung 38 Regen- und Pegelschreiber bei RE T 25 und T 26

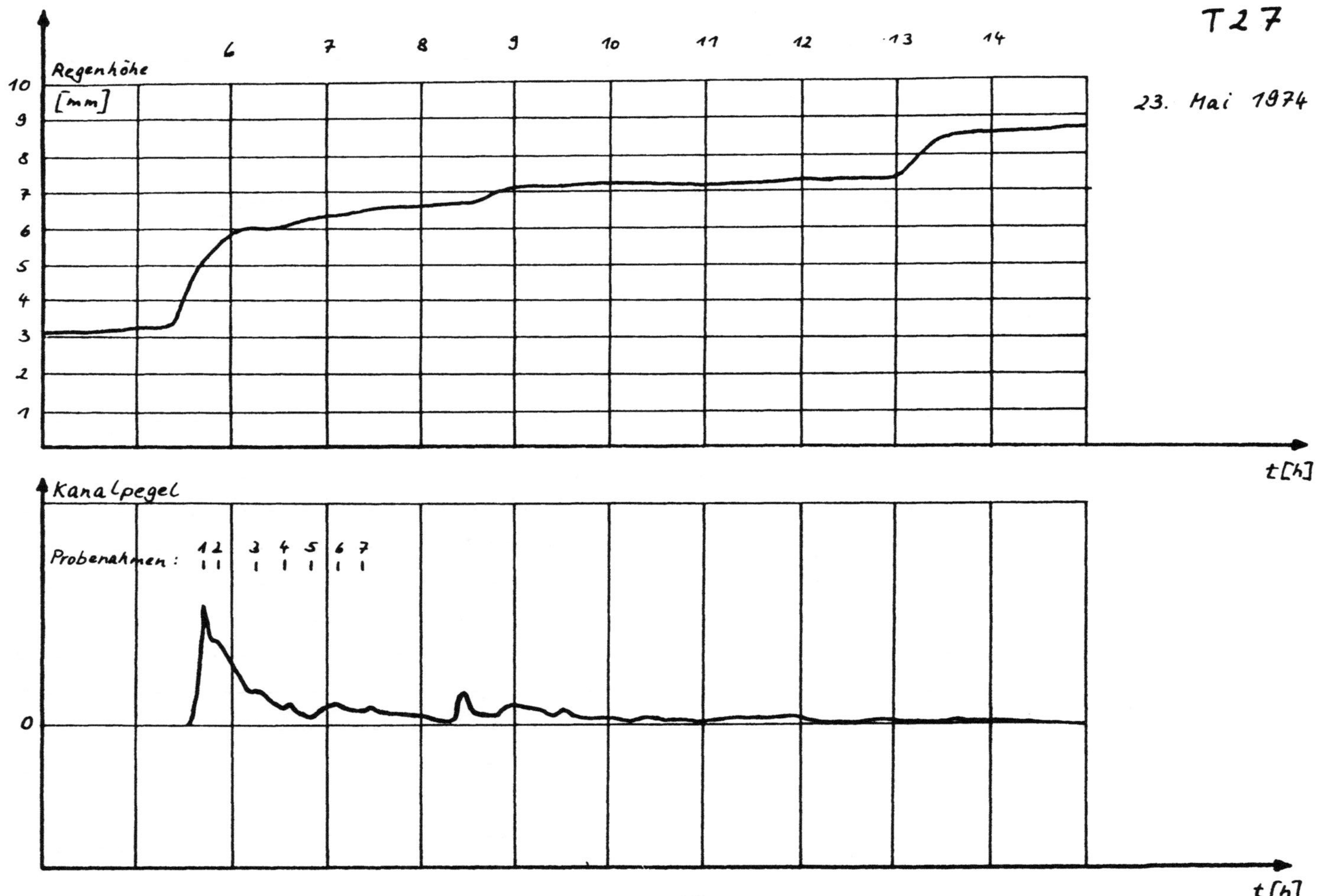

Abbildung 39 Regen- und Pegelschreiber bei RE T 27

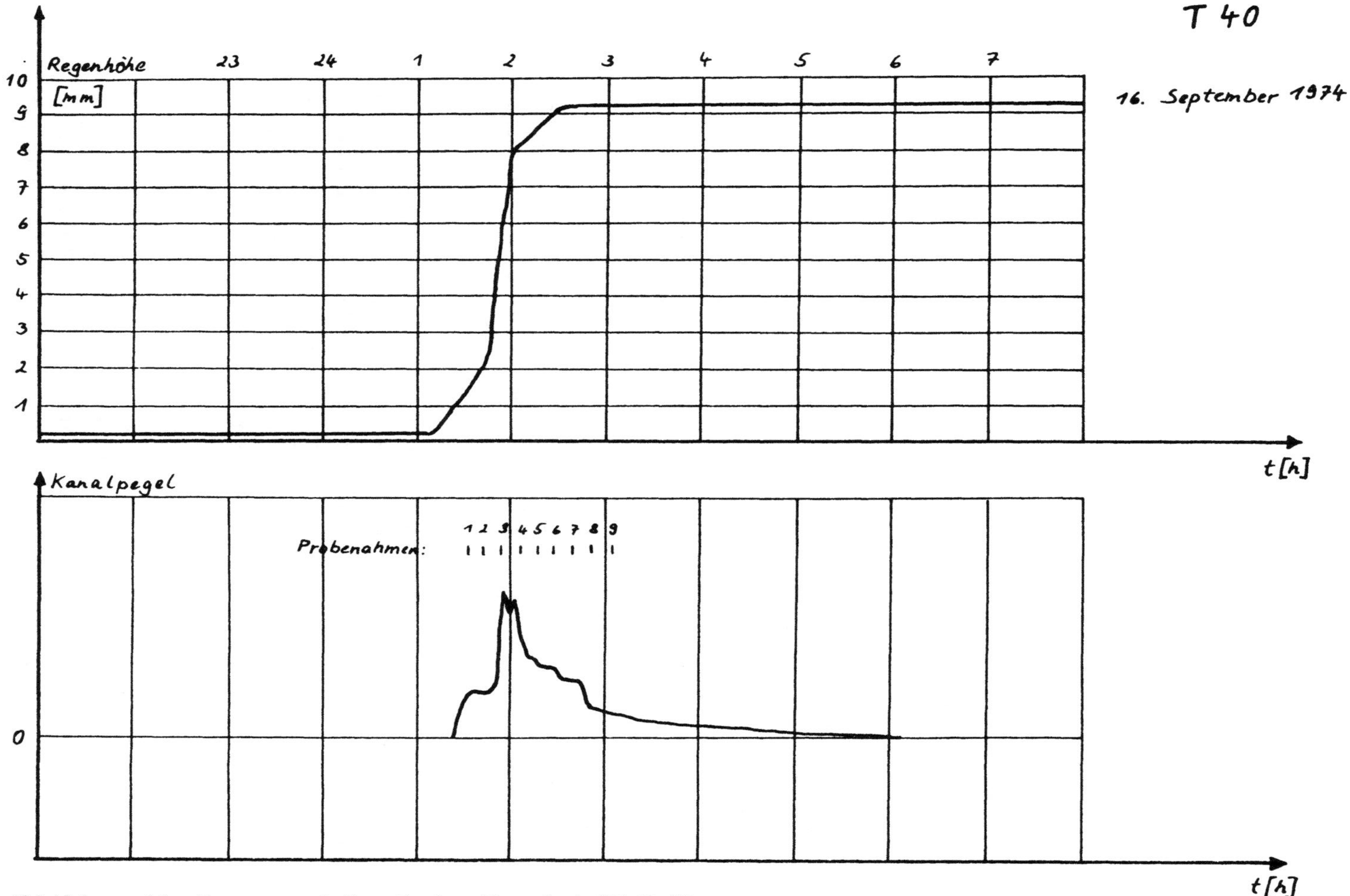

Abbildung 40 Regen- und Pegelschreiber bei RE T 40

Regenereignisse traten in Aachen selten auf.
Die Proben zeigen nach einer Stunde sowohl bei der organischen Verschmutzung als auch bei den Stickstoffwerten nahezu die Werte von originärem Regenwasser.
Bereits die Tendenz bei den Sedimenten ist nicht einfach abnehmend. An den Proben 1 und 3 sind zwei Spülschübe zu erkennen, die durch die Abflußkurve bestätigt werden.

5.3 Fremdwasser, Fehleinleitungen

Durch die Probenahmegeräte wurden an der Meßstelle Muffet dreimal und an der Meßstelle Tivoli ebenfalls dreimal Serien von Proben oder Einzelproben genommen, ohne daß der Regenschreiber Regen anzeigte. Der Abfluß war dabei entweder ganz gering oder nicht meßbar. Die Proben wurden als Fremdwasser bezeichnet. Außerdem wurden an Hand der Analysen bei drei Proben bzw. Probeserien von Tivoli bei ganz geringem Abfluß das Vorherrschen von Fremdwasser erkannt.

5.3.1 Fremdwasser in Muffet

Die Ergebnisse der Analysen der Einzelproben M 24 b vom 22. Okt. 1978 sind durchschnittlich. Es besteht die Möglichkeit, daß die Probenahme aus dem immer vorhandenen Basisabfluß durch einen Störimpuls ausgelöst wurde.
Die Serie M 65 ist bereits auf dem Beiblatt im II. Band beschrieben worden. Es handelt sich um Abwasser von der Gartenkolonie, das am Ostersonntag in die Kanalisation floß.
Die beiden ersten Proben der Serie M 66 sind wahrscheinlich eine Mischung aus einem Abwasser wie M 65 und Regenwasser. Sie fielen als Fremdwasser an Hand der Analyse auf und auch deshalb, weil der Regenschreiber erst 18 Minuten nach Beginn der Probenahme Regen anzeigte. Es besteht auch die Möglichkeit, daß es im oberen Einzugsgebiet bereits eher zu regnen begonnen hatte als an der Meßstelle.

5.3.2 Fremdwasser in Tivoli

Die Serie T 4 (fünf Proben vom 19. Januar 1974) wurden sieben Stunden nach einem leichten Regen entnommen. Der Pegelschreiber zeigte nicht an. Die sehr hohe Leitfähigkeit deutet auf Grundwasser hin, das wahrscheinlich durch Drainagen

in die Kanalisation floß. Um derartige Fehlschaltungen der Geräte zu verhindern, wurde die Einschaltschwelle des Probenahmegerätes nach der gen. Meßreihe etwas höher gestellt. Die Serie T 5 a (zwei Proben vom 22. Januar 1974) wurden nach drei Tagen Trockenwetter aus dem Basisabfluß vermutlich durch Störimpulse gezogen. Die Verschmutzung war mäßig bis gering.
Die Serie T 11 (zehn Proben vom 11. Februar 1974) wurde nach zwei Tagen Trockenwetter aus geringem Abfluß gezogen. Wegen hoher Leitfähigkeit mit hohem Nitratgehalt wird auf Grundwasser geschlossen.
Am Ende der Serie T 1o am 29. April 1974 ergibt die Analyse einen hohen Phosphatgehalt (6,6 mg P/l) bei einem BSB_5 von 13o mg/l. Der Abfluß war sehr gering. Auch die übrigen Parameter dieser letzten von zehn Proben deuten auf einen Anteil von 5o % Abwasser hin, sicherlich eine Fehleinleitung.
Bei Serie T 24 vom 13. Mai 1974 schnellte der pH in Proben 6 bis 1o auf maximal 11,8 in die Höhe. Auch die Leitfähigkeit nimmt zu. Die starke Abflußwelle eines sehr starken Regens ebbte ab. Möglicherweise wurde von einer Baustelle Kalkmilch abgeschwemmt.
Die ersten neun Proben der Serie T 34 vom 1o. Juni 1974 wurden aus dem Kanal entnommen, ohne daß der Pegelschreiber einen wesentlichen Abfluß anzeigte. Die hohe Leitfähigkeit deutet auf Grundwasser hin. Der Pegel stieg zum Zeitpunkt der Probe 9 an, der Regenschreiber zeigte erst kurz vor der Entnahme der Probe 1o Regen an der Meßstelle an. Möglicherweise begann der Regen im oberen Einzugsgebiet eher.

5.3.3 Drainagepumpen

Zeitweise konnte am Pegelschreiber der Meßstelle Tivoli das Arbeiten einer oder mehrerer Pumpen beobachtet werden. In den ersten Monaten des Betriebes der Meßstelle war der Grundablaß der Wehrschwelle noch voll funktionstüchtig. Der Stauraum lief leer, sobald der Zufluß einen bestimmten

Wert unterschritt. Dadurch konnten geringe, kurzseitige Zuflüsse erkannt werden. Die Abbildung 41 zeigt derartige Pumpaktionen, ungefähr acht in zehn Stunden, jedoch unregelmäßig, nachts und tags in gleichem Maße.

5.4 Frachten

Die Mittelwerte der Analysenergebnisse sind durch das reichhaltige Material so gut gesichert, daß mit ihren und einem mittleren Abflußwert die Frachten berechnet werden können.
Die Mittelwerte der Analysen sind in Tabelle 7 enthalten.
Es wurde das Mittel der Ergebnisse Muffet und Tivoli verwendet (Spalte 6).
Der mittlere Jahresabfluß ergibt sich aus der Regenhöhe 73/74 von Melaten (nächst der Meßstelle Muffet mit 77o mm)und von Wingertsberg (nächst der Meßstelle Tivoli, s. Abbildung 6) mit 895 mm.
Es fließt nicht der gesamte auf eine befestigte Fläche fallende Regen ab. Es ist mit Mulden-, Benetzungs- und Verdunstungsverlusten zu rechnen.
Diese betrugen in Pullach (flaches Gelände) 49 % (2), in Stuttgart (starkes Gefälle) 14 % (nach Lautrich und Pecher, 1o).
Da das Gelände von Aachen-Muffet und Aachen-Tivoli etwas stärkeres Gefälle als Pullach aufweist, jedoch bei weitem nicht so stark wie in Stuttgart, wurden die Verluste mit 4o % angesetzt. Das bedeutet, daß die Abflußrate von bebautem Gebiet in Aachen 6o % beträgt.
Die Frachten pro ha der befestigten Flächen sind in der Tabelle 16 zusammengestellt.

Tabelle 16

Frachten der Verschmutzung des von 1 ha befestigter Fläche in Aachen 1973/74 abfließenden Regenwassers (Mittelwerte)

Parameter	Muffet Analyse	Muffet Fracht	Tivoli Analyse	Tivoli Fracht
Sedimente AS	1,1 ml/l	3,39 m^3	1,6 ml/l	5,73 m^3
TS	133 mg/l	41o kg	239 mg/l	856 kg
BSB_5	11,3 mg/l	34,8 kg	14,5	51,9 kg
CSB	34,7 mg/l	1o7 kg	28,5	1o2 kg
TOC	18,1 mg/l	55,7 kg	16,6	59,4 kg
NO_3	1,1 mg/l	3,4 kg	3,6	12,9 kg
NH_4	1,2 mg/l	3,7 kg	o,6	2,2 kg

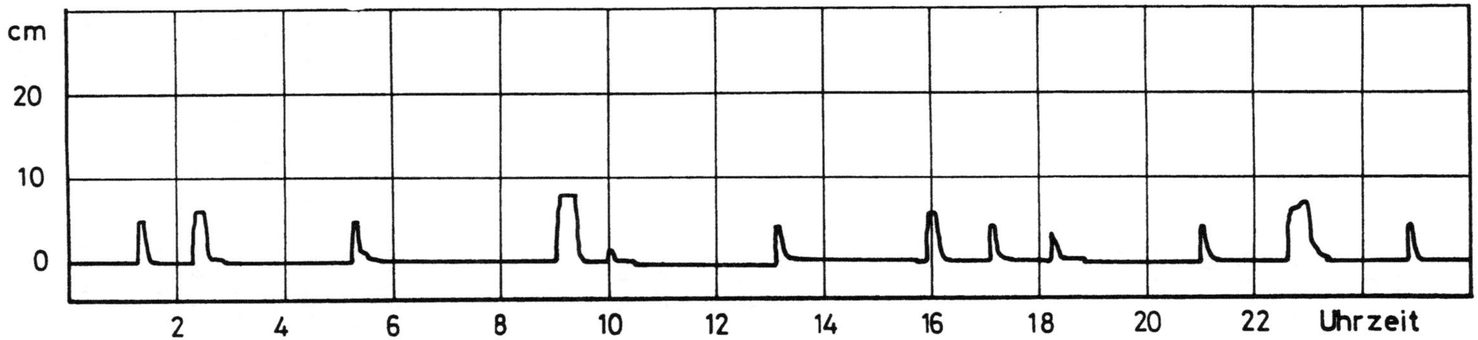

Abbildung 41 Der Pegelschreiber Tivoli zeigt kurze Abflußwellen an, vermutlich durch Drainagepumpen verursacht

6. Zusammenfassung

Innerhalb der Jahre 1973 und 1974 sowie mit einigen Ergänzungen 1975 bis 1978 wurde das in Trennkanalisationen abfließende Regenwasser in der Stadt Aachen auf seine Verschmutzung untersucht. Folgende Ergebnisse wurden erzielt und Erkenntnisse gewonnen:

6.1 Die mittleren Konzentrationen bzw. Werte (als Mittelwert der beiden Durchschnittswerte zweier Meßgebiete) betrugen:

Sedimente:	Absetzbare Stoffe	1,3	ml/l
	Trockensubstanz	186	mg/l
	Glühverlust	3o	%
Leitfähigkeit		169	µS/cm x)
BSB_5		12,9	mg/l
CSB		31,6	mg/l
TOC		17,4	mg/l
NO_2^-		o,o8	mg/l
NO_3^-		1,1	mg/l x)
NH_4^+		o,9	mg/l

6.2 Die mittleren Frachten der wichtigen Parameter pro Hektar der befestigten (= versiegelten) Fläche und Jahr betrugen, wieder als Durchschnittswerte der zwei Meßgebiete:

Sedimente:	Absetzbare Stoffe	4,6	m^3/ha.a
	Trockensubstanz	633	kg/ha.a
BSB_5		43	kg/ha.a
CSB		1o5	kg/ha.a
TOC		58	kg/ha.a x)
NO_3^-		3,4	kg/ha.a
NH_4^+		3,o	kg/ha.a

6.3 Die Herkunft der Verschmutzung und die Tendenzen sind unterschiedlich.

6.3.1 Die absetzbaren und ungelösten Stoffe gelangen zu fast 1oo % von dem Abschwemmen der Erdoberfläche in das abfließende Regenwasser. Der Sedimentgehalt der Proben nimmt im allgemeinen mit der Zeit nach Abflußbeginn ab. Doch kommen auch zwei oder drei Stunden nach Beginn des Abflusses gelegentlich höhere Sedimentgehalte vor, wahrscheinlich bedingt durch Schwankungen der Intensität des Regens und des Abflusses.

x) nur Mittelwert aller Proben des einen Meßgebietes, da in dem anderen Meßgebiet offensichtlich Grundwasserbeeinflussung herrschte.

6.3.2 Die organische Verschmutzung (als CSB und TOC) stammt im Durchschnitt ungefähr zur Hälfte aus der Luft': Der fallende Regen wäscht die Luft aus und bringt die Verschmutzung zur Erdoberfläche. Nur ein kleiner Teil der organischen Verschmutzung ist abbaubar. Das Verhältnis CSB : BSB_5 des abfließenden Regenwassers beträgt in Aachen etwa 3 : 1. Tendenzen des Verlaufs von BSB_5, CSB und TOC mit der Abflußzeit sind je nach Regentyp recht unterschiedlich.
Bei leichten Regenfällen gibt es keine ausgeprägte Tendenz. Hohe Verschmutzungen treten anfangs und auch später selten auf.
Bei mäßigen Regenfällen nach Vorregen, dem am häufigsten vorkommenden Regentyp (35 % der untersuchten Regenereignisse) ist ebenfalls meist nur eine statistische Streuung der organischen Verschmutzung festzustellen. Mäßige Regenfälle nach Trockenwetter (18 % der untersuchten Regenereignisse) zeigen meistens die von Brunner (2) gefundene Tendenz, daß eine relativ hohe Anfangsverschmutzung mit der Abflußzeit zurückgeht. Stärker ausgeprägt ist diese Tendenz bei Starkregen und Regenschauer nach Trockenwetter (9 % der RE). Hier treten in der ersten Abflußwelle Werte von BSB_5 um 3o mg/l, CSB um 6o mg/l und TOC um 3o mg/l auf.
Die Verhältnisse dieser Parameter sind denjenigen von häuslichem Abwasser ähnlich. Bei Starkregen und Regenschauer nach Vorregen (15 % der RE) ist die abnehmende Tendenz ebenfalls deutlich, die Werte sind jedoch niedriger. 1oo Minuten nach Abflußbeginn (grafisch aus den Durchschnittswerten ermittelt) ist die organische Verschmutzung ebenso niedrig, wie die des originären, des fallenden Regenwassers, das noch nicht den Boden berührt hat.
Es muß festgestellt werden, daß zwar recht häufig die organische Verschmutzung anfangs höher ist und mit der Zeit abklingt, daß aber bei der Mehrheit der Regenereignisse die abnehmende Tendenz nicht zu erkennen ist: Das Maximum der Verschmutzung (gerechnet als BSB_5, CSB oder TOC) kann anfangs auftreten, oder auch später.

6.3.3 Phosphat ist im abfließenden Regenwasser nur in geringer Konzentration enthalten. Gelegentlich vorkommende höhere Werte lassen auf Fremdwasser bzw. Abwasser schließen.

6.3.4 Stickstoff wird hauptsächlich durch Auswaschung der Luft von fallenden Regentropfen aufgenommen, und zwar sowohl Nitrose Gase, die im Wasser als Nitrit und Nitrat nachweisbar sind, als auch Ammoniak. Hohe Nitratgehalte lassen auf Fremdwasser (Grundwasser), hohe Ammoniumgehalte auf Abwasser schließen.

6.4 **Auf**grund der in Aachen durchgeführten Untersuchung ist eine mechanische Klärung des abfließenden Regenwassers vor der Ableitung zum Vorfluter notwendig. Zwar wies etwa ein Drittel aller Regenwasserproben einen Sedimentgehalt von gleich oder geringer als o,3 ml/l auf, doch ergab sich keine zwingende Abhängigkeit des Sedimentgehaltes von der Art des Regenereignisses oder der Zeit nach Abflußbeginn, so daß keine sichere Voraussage gemacht werden kann, welcher Anteil des abfließenden Regenwassers zur mechanischen Klärung geschickt werden und welcher Teil zum Vorfluter abgeschlagen werden soll.
Wie die Untersuchung weiter gezeigt hat und wie es durch die Untersuchung in Pullach bestätigt wird, erscheint es wenig sinnvoll, das abfließende Regenwasser in seiner Gesamtheit einer eigenen biologischen Klärung zuzuführen. Nur einen bestimmten Teil aufgrund der Abflußcharakteristik zur biologischen Klärung zu schicken, und zwar die erste Abflußwelle, wäre nach den Untersuchungen in Aachen in der Mehrheit der Fälle ebenfalls falsch.
Sollen die Spitzen der organischen Belastung des abfließenden Regenwassers erfaßt und zu einer biologischen Kläranlage geleitet werden, ist es das sicherste Verfahren, die organische Verschmutzung des abfließenden Regenwassers kontinuierlich zu messen, etwa durch automatische CSB-Geräte.
Bei Überschreitung einer bestimmten Schwelle könnte ein elektrisches Signal gegeben und der Regenwasserstrom durch Betätigung eines Schiebers zu einer biologischen Kläranlage umgeleitet werden. Sobald die Schwelle der organischen Verschmutzung wieder unterschritten wird, sorgt ein weiteres Sig-

nal für die Einrichtung des normalen Fließweges zum Vorfluter. Ein sinnvoll festgelegter Schwellenwert des CSB wird in Aachen nur in einem geringen Prozentsatz der Fälle überschritten, wie die Tabelle 17 zeigt.

Tabelle 17
Überschreitung von CSB-Schwellen in % der Gesamtproben

Schwelle CSB	% aller Proben
6o mg/l	9 %
8o mg/l	5 %
1oo mg/l	3 %

Die Aussage basiert auf der Auswertung von 831 Messungen. Regenwasser, dessen CSB 1oo mg/l überschreitet, kann als klärwürdig bezeichnet werden, wenn ein strenger Maßstab angelegt wird.
Für eine Großstadt von 2oo ooo E + EG (z.B. Aachen) sei die Mehrbelastung der Kläranlage durch biologische Klärung von Regenwasser einmal durchgerechnet.

Regenhöhe:	83o mm pro Jahr
Stadtfläche:	4o km^2
Anteil der gedichteten Fläche:	o,33
Verdunstungs- und Muldenverluste:	4o %
Trockenwetterzufluß zur Kläranlage: (Trennkanalisation vorausgesetzt)	ca. $1o^7$ m^3/a
1 mm Niederschlag bedeutet:	1ooo m^3/km^2

Berechnung des Regenwasserabflusses:

$$83o \cdot 1ooo \cdot 4o \cdot o{,}33 \cdot o{,}6 = 6{,}57 \cdot 1o^6 \ m^3/a$$

Von dieser Menge wären 3 % klärwürdig, das sind
ca. 2oo.ooo m^3 pro Jahr.

Der Regenwasserzufluß tritt allerdings stoßweise auf. Der Bau eines Rückhaltebeckens wäre erforderlich, das den Regenwasserstrom verzögert und gleichmäßig dem Schmutzwasser zudosiert.
Die für diese Lösung erforderliche Meßtechnik ist mit Sicherheit weit billiger als der Aufwand, der getrieben werden müßte, um das gesamte Regenwasser oder jeweils die erste Abflußwelle der biologischen Kläranlage zuzuführen. Denn die erste Abflußwelle

hat meistens auch den höchsten Abfluß. Wenn man die erste Abflußwelle jeden Regenereignisses durch eine Pegel-Zeit-Steuerung abtrennen und zur biologischen Kläranlage leiten wollte, so macht dieser Anteil möglicherweise 2o - 3o % des gesamten Regenabflusses aus. Das bedeutet das Sieben- bis Zehnfache der 3 %, die nach der Analyse einen höheren CSB als 1oo mg/l aufweisen.

6.5 Die vorliegenden Untersuchungen bezogen sich beispielhaft auf das Stadtgebiet von Aachen. Wegen der Fülle des Materials und daher wegen der Sicherheit der Durchschnittswerte kann der Schluß gezogen werden, daß in anderen mitteleuropäischen Städten die Verschmutzung des abfließenden Regenwassers ähnlich ist, reine Trennkanalisation vorausgesetzt. Die früher erhobene Besorgnis über die starken Schmutzfrachten, die mit dem abfließenden Regenwasser unkontrolliert in die Gewässer gelangen, kann somit gemildert werden.

Literatur

(1) Der Minister für Wissenschaft und Forschung des Landes Nordrhein-Westfalen - Landesamt für Forschung --, Schreiben vom 14. Oktober 1971 Az A/S-5o6o

(2) Brunner, P.G., Die Verschmutzung des Regenwasserabflusses im Trennverfahren, Untersuchungen unter besonderer Berücksichtigung der Niederschlagsverhältnisse im voralpinen Raum, Berichte aus Wassergütewirtschaft und Gesundheitsingenieurwesen Nr. 9, Technische Universität München (1975)

(3) Antrag des Instituts für Siedlungswasserwirtschaft der RWTH Aachen an das Landesamt für Forschung Düsseldorf, vom 2o. Juli 197o

(4) Imhoff, K., Taschenbuch der Stadtentwässerung München, Wien, 22. Auflage (1963)

(5) Pfeiff, S.: Zur Lage der Wahl des Entwässerungssystems, Gesundheits-Ingenieur 8o, 141 (1959)

(6) Kurzweil, H.: Die Verschmutzung des abfließenden Regenwassers im Bereich städtischer Siedlungen, Gesundheits-Ingenieur 85, 178 - 181 (1964)

(7) Palmer, C.L.: The Pollutional Effects of Storm Water Overflows from Combined Sewers; Sewage and Industrial Wastes, 22, 154 (195o)

(8) American Publik Works Association: Water Pollution Aspects of Urban Runoff, Water Pollution Control Research Series, Federal Water Pollution Control Administration, U.S. Department of the Interior, Washington D.C. 1969

(9) Department of Health, Education and Welfare: Pollution Effect of Stormwater and Overflows from Combined Sewer Systems, Public Health Service, Publication No. 1246, Washington D.C. 1964

(1o) Lautrich, R., Pecher R.: Gutachten über den Regenwasserabfluß von bebauten Gebieten und sein Einfluß auf die Gewässerverschmutzung, Gutachten im Auftrag des Bundesministeriums des Inneren; Ing.-Büro Lautrich, Düsseldorf 1974

(11) Pecher, R.: Der jährliche Regenwasserabfluß von bebauten Gebieten und seine Verschmutzung, Korrespondenz Abwasser, 21, 113 - 12o (1974)

(12) Feyen, H.A.: Automatische Probennahme aus dem Abwasserkanal, Korr. Abw. 21, 67 - 69 (1974)

(13) Sprenger, F.J.: Probenkonservierung; Hydrochem. und hydrogeol. Mitteil. 1, 11-25 (1974)

(14) Fachgruppe Wasserchemie in der Gesellschaft Deutscher Chemiker. Deutsche Einheitsverfahren zur Wasser-, Abwasser- und Schlamm-Untersuchung. 1. - 7. Lieferung, Weinheim (1975), Methode C 2, Bestimmung der Trübung

(15) Fachgruppe Wasserchemie in der Gesellschaft Deutscher Chemiker. Deutsche Einheitsverfahren zur Wasser-, Abwasser- und Schlamm-Untersuchung. 1.-7. Lieferung, Weinheim (1975), Methode H 2: Bestimmung des Gehaltes an ungelösten Stoffen und ihres Glühverlustes

(16) Arbeitsausschuß I 4, Unterausschuß 4 "Dispersoide in Wasser", Entwurf der DIN 38 4o9, Teil 9, Methode H 9, Bestimmung des Volumens der absetzbaren Stoffe (1977)

(17) Fachgruppe Wasserchemie in der Gesellschaft Deutscher Chemiker. Deutsche Einheitsverfahren zur Wasser-, Abwasser- und Schlamm-Untersuchung. 1.-7. Lieferung, Weinheim (1975), Methode C 8: Bestimmung der elektrischen Leitfähigkeit

(18) Fachgruppe Wasserchemie in der Gesellschaft Deutscher Chemiker: Deutsche Einheitsverfahren zur Wasser-, Abwasser- und Schlammuntersuchung, bearbeitet von L.-W. Haase, Weinheim (1954)

(19) Fachgruppe Wasserchemie in der Gesellschaft Deutscher Chemiker. Deutsche Einheitsverfahren zur Wasser-, Abwasser- und Schlamm-Untersuchung. 1.-7. Lieferung, Weinheim (1975), Methode C 5: Bestimmung der Wasserstoffionen-Konzentration (pH-Wert)

(2o) Fachgruppe Wasserchemie in der Gesellschaft Deutscher Chemiker. Deutsche Einheitsverfahren zur Wasser-, Abwasser- und Schlamm-Untersuchung. 1.-7. Lieferung, Weinheim (1975),

Methode H 5: Bestimmung des biochemischen Sauerstoffbedarfs

(21) Fachgruppe Wasserchemie in der Gesellschaft Deutscher Chemiker. Deutsche Einheitsverfahren zur Wasser-, Abwasser- und Schlammuntersuchung. 1.-7. Lieferung, Weinheim (1975), Methode H 4: Bestimmung der Oxidierbarkeit

(22) Wagner, R.: Bestimmung der chemischen Oxidierbarkeit nach der Dichromat-Methode (COD) mit Hilfe des kontinuierlichen Digestors. Symposium "Automation in der analytischen Chemie", Paris (Nov. 1966)

(23) Straten, G., Schulze-Rettmer, R.: Die Bestimmung des chemischen Sauerstoffbedarf ("CSB") von gering verschmutzten Wässern. Vortrag auf dem Technicon Symposium, 21. März 1974, Frankfurt

(24) Wagner, R.: Die CSB-Methodik im Abwasserabgabengesetz, Zwischenbericht aus der Tätigkeit des CSB-Ausschusses der Fachgruppe Wasserchemie, Z. Wasser-Abwasser-Forschung 7, 133 - 134 (1974)

(25) Wagner, R. u.a.: Die CSB-Methode für das Abwasserabgabengesetz, Arbeitsbericht des CSB-Ausschusses der Fachgruppe Wasserchemie in der GDCh und des Deutschen Instituts für Normung e.V., Berlin, 1974 - 1977, Veröffentlichung des Umweltbundesamtes (1978)

(26) Persönliche Mitteilung des Arbeitsausschusses "CSB-Methodik" der Fachgruppe Wasserchemie in der Gesellschaft Deutscher Chemiker (1978)

(27) Radmacher, W., Hoverath, A.: Vereinfachte Verfahren zur Bestimmung des Kohlenstoffs und Wasserstoffs sowie des Schwefels fester und flüssiger Brennstoffe. Brennstoff-Chemie 41, 3o4 - 3o8 (196o)

(28) Fachgruppe Wasserchemie in der Gesellschaft Deutscher Chemiker. Deutsche Einheitsverfahren zur Wasser-, Abwasser- und Schlammuntersuchung. 1.-7. Lieferung, Weinheim (1975), Methode J 6: Die Bestimmung des Phosphat-Ions

(29) Link, P.: Eine universelle Methode zur Bestimmung von Ortho-Phosphat. Gas- und Wasserfach 111, 127 - 13o (197o)

(3o) Fachgruppe Wasserchemie in der Gesellschaft Deutscher Chemiker. Deutsche Einheitsverfahren zur Wasser-, Abwasser- und Schlammuntersuchung. 1.-6. Lieferung, Weinheim (1971), Methode D 1o: Bestimmung des Nitrit-Ions

(31) Fachgruppe Wasserchemie in der Gesellschaft Deutscher Chemiker. Deutsche Einheitsverfahren zur Wasser-, Abwasser- und Schlammuntersuchung. 1.-6. Lieferung, Weinheim (1971), Methode D 9: Bestimmung des Nitrat-Ions

(32) Fachgruppe Wasserchemie in der Gesellschaft Deutscher Chemiker. Deutsche Einheitsverfahren zur Wasser-, Abwasser- und Schlammuntersuchung. 1.-6. Lieferung, Weinheim (1971), Methode E 5: Bestimmung des Ammonium-Stickstoffs

(33) Schulze-Rettmer, R., Yawari, T.: Die Bestimmung des Gesamt-Stickstoffs im Abwasser als Ammoniak ohne Destillation sowie Automatisierung der eigentlichen Analyse. Vom Wasser 46, 11 - 19 (1976)

(34) Zadorojny, G., Syxton, S., Finger, R.: Spectrophotometric determination of ammonia, Journ. WPCF 45, 9o5 (1973)

(35) Coenen, W., Schulze-Rettmer, R.: Gaschromatographische Bestimmung von Ölen, Institut für Siedlungswasserwirtschaft der RWTH Aachen, Abwasserlaboratorium, Interner Bericht 19 (Mai 1974)

(36) Nach Auskunft und Literatur des Deutschen Wetterdienstes, Wetterstation Aachen (1978)

(37) Malz, F., Reichert, I.F.: Kontinuierliches Messen in Abwässern und Gewässern. Gewässerschutz, Wasser, Abwasser 26, Aachen (1978)

(38) Wilkinson, R.: The Quality of Rainfall Runoff Water from a Housing Estate. J. Institution of Public Health Engineers 1956, 7o (April)

(39) Weibel S.R., Anderson R.J., Woodward R.L.: Urban Land Runoff as a Factor in Stream Pollution, Journal W.P.C.F., 36, 914 (1964)

(4o) Weibel S.R., Weidner R.B., Christianson A.G., Anderson R.J.: Characterization, Treatment and Disposal of Urban Stormwater, Third International Conference on Water Pollution Research, München 1966, Pergamon Press, London (1967)

(41) Benzine W.J., Courchaine R.J.: Discharges from Seperate Storm Sewers and Combined Sewers, Journal WPCF 38, 41o (1966)

(42) Burm R.J., Krawcryk D.F., Harlow G.L.: Chemical and Physical Combined and Seperate Sewer Discharges, Journal WPCF 4o, 112 (1968)

(43) Cleveland J.G., Ramsey R.H., Walters P.R.: Storm Water Pollution from Urban Land Activity, Water Pollution Control Research Series, Water Pollution Control Administration, U.S. Department of the Interior, Washington D.C. (197o)

(44) Buckingham P.L., Shih C.S., Ryan J.G., Lee J.A., Kane J.K.: Combined Sewer Overflow Abatement Alternatives, Water Pollution Control Research Series, U.S. Environmental Protection Agency, Washington D.C. (197o)

(45) de Filippi J.A., Shih C.S.: Characteristics of Separated Storm and Combined Sewer Flows, Journal WPCF, 43, 2o33 (1971)

(46) Bryan E.H.: Quality of Stormwater Drainage from Urban Land Areas in North Carolina, Water Resources Research Institute, University of North Carolina, Durham (197o

(47) Söderlund G., Lehtinen H., Friberg S.: Physicochemical and Microbiological Properties of Urban Stormwater Runoff, Fifth International Conference on Water Pollution Research, San Francisco 197o, Paper No. I-2, Pergamon Press, London (1971)

(48) Söderlund G.: Discharges from Urban Stormwater Runoff, Mixed Storm Overflow and Treated Sewage, Proceedings International Water Conservancy Exhibition "Världen, Vattnet och Vi", Jönköping 1972, Paper 8:7

(49) Söderlund G., Lehtinen H.: Comparison of Discharges from Urban Storm Water Runoff, Mixed Storm Overflow and Treated Sewage, Sixth International Conferenze on Water Pollution Research, Jerusalem 1972, Paper No. 17, Pergamon Press, London (1973)

(5o) D'Ans, J., Lax, E.: Taschenbuch für Chemiker und Physiker, Berlin (1949)

(51) anonym: Standard Software Modul, Texas Instruments (1977)

(52) Brunner, S. (2), Tabelle 42, S 152/153

(53) Bernhardt, H., Wilhelms, A.: Ergebnisse der Untersuchungen der Niederschläge im Bereich der Wahnbachtalsperre auf ihren Phosphorgehalt. Korrespondenz Abwasser 25, 75 - 77 (1978)

(54) Schulze-Rettmer, R., Rüffer, H., Mudrack, K.: Wäschereiabwasser, Vom Wasser 36, 417 - 434 (1969)

(55) Nach Analyse der Stadt Aachen, Rohwasser Schmidthof, 26. Nov. 1968

(56) Uttormark, P.D.: Atmospheric contributions of nitrogen and phosphorus, Technical Report WIS-WRC 73-2 (1973) Wisconsin Univ., Madison, USA

GPSR Compliance

The European Union's (EU) General Product Safety Regulation (GPSR) is a set of rules that requires consumer products to be safe and our obligations to ensure this.

If you have any concerns about our products, you can contact us on ProductSafety@springernature.com

In case Publisher is established outside the EU, the EU authorized representative is:

Springer Nature Customer Service Center GmbH
Europaplatz 3
69115 Heidelberg, Germany

Batch number: 10584556

Printed by Printforce, the Netherlands